快速掌握！16G101图集

混凝土结构施工图平法识读与钢筋算量

HUNNINGTU JIEGOU SHIGONGTU PINGFA SHIDU YU GANGJIN SUANLIANG

>>> 主编　马相明　侯献语

华中科技大学出版社
http://www.hustp.com
中国·武汉

内容简介

本书作为平法图集普及推广的实用性图书，是作者多年从事识图教学的经验总结。本书结合实际工程的平法施工图，讲解16G101-1图集、16G101-2图集、16G101-3图集的相关内容，通过立体化、多元化的教学资源，帮助同学们读懂结构施工图，理解钢筋的构造，掌握钢筋算量的基本方法。本书共6章，分别是结构柱平法识图与钢筋算量、梁平法识图与钢筋算量、剪力墙平法识图与钢筋算量、板平法识图与钢筋算量、板式楼梯平法识图与钢筋算量、基础平法识图与钢筋算量。

本书作为介绍平法图集和钢筋算量的基础性图书，可供设计人员、施工技术人员、工程监理人员等学习参考，也可作为高等职业院校学生职业技能竞赛"建筑工程识图"赛项的辅导教材。

为了方便教学，本书还配有电子课件等教学资源包，可以登录"我们爱读书"网（www.ibook4us.com）浏览，任课教师还可以发邮件至husttujian@163.com索取。

图书在版编目(CIP)数据

混凝土结构施工图平法识读与钢筋算量/马相明，侯献语主编. —武汉：华中科技大学出版社，2022.1
ISBN 978-7-5680-7347-9

Ⅰ.①混… Ⅱ.①马… ②侯… Ⅲ.①钢筋混凝土结构-建筑构图-识图 ②钢筋混凝土结构-结构计算 Ⅳ.①TU375

中国版本图书馆CIP数据核字(2021)第236733号

混凝土结构施工图平法识读与钢筋算量　　　　　　　　　　马相明　侯献语　主编
Hunningtu Jiegou Shigongtu Pingfa Shidu yu Gangjin Suanliang

策划编辑：康　序
责任编辑：李曜男
封面设计：孢　子
责任监印：朱　玢
出版发行：华中科技大学出版社(中国·武汉)　　电话：(027)81321913
　　　　　武汉市东湖新技术开发区华工科技园　　邮编：430223
录　　排：武汉三月禾文化传播有限公司
印　　刷：武汉市洪林印务有限公司
开　　本：889mm×1194mm　1/16
印　　张：9
字　　数：311千字
版　　次：2022年1月第1版第1次印刷
定　　价：58.00元

本书若有印装质量问题，请向出版社营销中心调换
全国免费服务热线：400-6679-118　　竭诚为您服务
版权所有　侵权必究

FOREWORD
前言

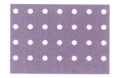

  高职高专建筑工程技术专业培养高素质的建筑工程生产一线技术技能型人才,从事施工现场专业技术及管理工作。读懂结构施工图,准确、有效地掌握图纸的信息,是学生必备的基本技能,直接关系到学生的实习工作能力和就业竞争力。

  本书的编写与实际工程紧密结合,通过动画演示、微课讲解、CAD绘图演示、现场照片展示等立体化的教学资源,读者能更加直观地了解各种类型构件的钢筋构造,更容易读懂结构施工图。通过阅读各种结构构件的施工图,编制钢筋配料单,锻炼和提高职业技能。各任务都设置有课堂练习题,有助于读者理解平法图集的构造,培养解决实际工程问题的能力。

  本书也能作为高等职业院校学生职业技能竞赛"建筑工程识图"赛项的辅导教材。

  本书由重庆工程职业技术学院马相明和辽宁省交通高等专科学校侯献语担任主编。马相明老师(一级注册结构工程师)从事识图教学多年,多次指导学生参加高等职业院校学生职业技能竞赛"建筑工程识图"赛项并获得重庆市一等奖、全国三等奖。本书由重庆工程职业技术学院游普元(教授、重庆市名师)、彭军(副教授、高级工程师)审阅。

  鉴于自身水平有限,本书的编写存在不当之处,欢迎批评指正。

  本书对应的在线开放课程可以通过以下链接浏览:https://zjy2.icve.com.cn/teacher/mainCourse/courseHome.html? courseOpenId=9n6qaoetxobolilfgrupgg。

  为了方便教学,本书还配有电子课件等教学资源包,可以登录"我们爱读书"网(www.ibook4us.com)浏览,任课教师可以发邮件至 husttujian@163.com 索取。

编者

2021年11月

CONTENTS 目录

项目1　结构柱平法识图与钢筋算量

任务1　框架柱纵向钢筋连接构造 ………………………………………… 1

任务2　框架柱箍筋构造 …………………………………………………… 14

任务3　框架柱基础插筋构造 ……………………………………………… 19

项目2　梁平法识图与钢筋算量

任务1　框架梁纵向钢筋构造 ……………………………………………… 24

任务2　框架梁箍筋构造 …………………………………………………… 34

任务3　非框架梁构造 ……………………………………………………… 35

任务4　悬挑梁构造 ………………………………………………………… 38

项目3　剪力墙平法识图与钢筋算量

任务1　剪力墙平法施工图的列表注写方式 ……………………………… 43

任务2　剪力墙墙身的基本构造 …………………………………………… 45

任务3　编制钢筋配料单 …………………………………………………… 71

项目4　板平法识图与钢筋算量

任务1　有梁楼盖平法施工图表示方法 …………………………………… 77

任务2　楼板的钢筋构造与计算 …………………………………………… 82

任务3　楼板相关构造 ……………………………………………………… 93

项目5　板式楼梯平法识图与钢筋算量

任务1　非抗震楼梯平法识图与钢筋算量 ………………………………… 100

任务2　抗震楼梯平法识图与钢筋算量 …………………………………… 104

项目 6　基础平法识图与钢筋算量

　　任务 1　独立基础平法施工图表示方法 …………………………………… 109

　　任务 2　条形基础平法施工图表示方法 …………………………………… 119

　　任务 3　梁板式筏形基础平板平法施工图表示方法 ……………………… 123

　　任务 4　桩基础平法施工图表示方法 ……………………………………… 133

　　任务 5　预制桩承台表示方法 ……………………………………………… 134

参考文献

项目 1 结构柱平法识图与钢筋算量

本章内容提要

本章主要介绍框架柱纵向钢筋连接构造、框架柱箍筋构造、框架柱基础插筋构造。

框架柱纵向钢筋连接构造包括绑扎搭接、机械连接、焊接连接三种连接方式,纵筋连接区、非连接区的计算方法,柱钢筋下料长度的计算。

框架柱箍筋构造包括箍筋加密区的计算、箍筋根数的计算、箍筋的复合方式。

框架柱基础插筋构造包括插筋在基础中的锚固构造、框架柱基础插筋下料长度的计算。

任务 1　框架柱纵向钢筋连接构造

1. 楼层柱纵向钢筋的一般连接构造

16G101-1 图集第 63 页左边的三张图,讲的就是抗震框架柱 KZ 纵向钢筋的一般连接构造。三张图分别画了柱纵筋绑扎搭接、机械连接和焊接连接三种连接方式,如图 1-1 所示。

1) 柱纵筋的非连接区

非连接区就是柱纵筋不允许在这个区域之内进行连接。绑扎搭接、机械连接和焊接连接都要遵守这项规则。

(1) 基础顶面以上的非连接区,其长度$\geqslant H_n/3$(H_n是从基础顶面到顶板梁底的柱的净高)。

对于"$\geqslant$"号,做工程预算或者施工下料时,可以取"$=$"号。

(2) 楼层框架梁上、下部位的范围形成的非连接区,其长度由三部分组成:梁底以下部分、梁中部分和梁顶以上部分。这三部分构成一个完整的柱纵筋的非连接区。

① 梁底以下部分的非连接区长度为下面三个数的最大值("三选一"):$\geqslant H_n/6$(H_n为所在楼层的柱的净高);$\geqslant h_c$(h_c为柱截面长边尺寸,圆柱为截面直径);$\geqslant 500$。

如果把上面的"$\geqslant$"号取为"$=$"号,则上述的"三选一"可以表示为
$$\max(H_n/6, h_c, 500)$$

② 梁中部分的非连接区长度。

梁中部分的非连接区长度就是梁的截面高度。

③ 梁顶以上部分的非连接区长度。

梁顶以上部分的非连接区长度参考梁底以下部分的非连接区长度。

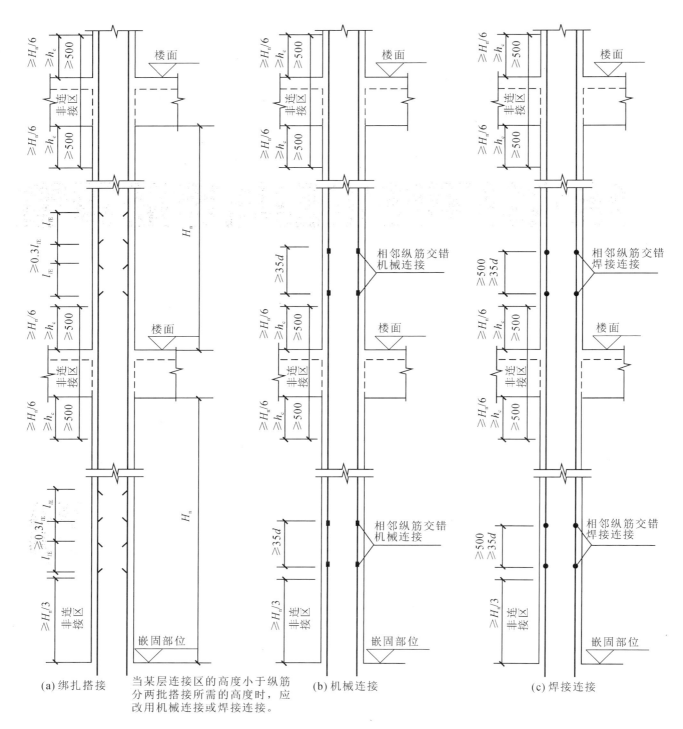

(a) 绑扎搭接　　当某层连接区的高度小于纵筋分两批搭接所需的高度时,应改用机械连接或焊接连接。　　(b) 机械连接　　(c) 焊接连接

图 1-1　框架柱纵筋连接构造

注意:H_n 为所在楼层的柱净高。例如,梁底以下部分如果是一层,计算非连接区长度时,H_n 取一层的净高 H_{n1};梁顶以上部分是二层,H_n 取二层的净高 H_{n2}。

"Let me try!"

测试 1. 某教学楼采用二层框架结构,混凝土强度等级为 C35,框架抗震等级为二级,框架柱立面布置图如图 1-2 所示,计算非连接区长度:$X_1=($ $)$mm,$X_2=($ $)$mm,$X_3=($ $)$mm,$X_4=($ $)$mm。

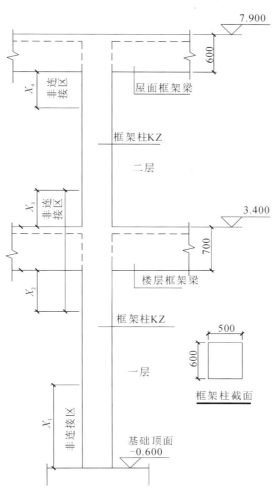

图 1-2 框架柱立面布置图

2) 柱纵筋的切断点

知道了柱纵筋非连接区的范围,就知道了柱纵筋切断点的位置。这个切断点可以选定在非连接区的边缘。

柱纵筋为什么切断呢?因为工程施工是分楼层进行的。在进行基础施工的时候,有柱纵筋的基础插筋。以后,在进行每一楼层施工的时候,楼面以上都要伸出柱纵筋的插筋。柱纵筋的切断点就是下一楼层伸出的插筋与上一楼层柱纵筋的连接点。

柱纵筋的连接点有下面一些规定。

3) 柱纵向钢筋连接接头相互错开

16G101-1 图集规定,相邻柱纵向钢筋连接接头相互错开,在同一连接区段内钢筋接头面积百分率不应大于 50%。

柱纵向钢筋连接接头相互错开的距离根据连接方式不同而不同。

(1) 机械连接(例如现在常用的直螺纹套筒接头)时,接头错开距离≥35d。对于"≥"号,做工程预算或者施工下料时,可以取"="号。也就是说,接头错开距离为 35d。

现在解释下接头错开 35d 的意义。抗震框架柱 KZ1 的基础插筋伸出基础顶面以上的长度是 $H_n/3$,但是并不是 KZ1 的所有基础插筋都是伸出 $H_n/3$ 的长度,它们需要把接头错开,例如,一个 KZ1 有 10 根基础插筋,其中有 5 根基础插筋伸出基础顶面 $H_n/3$,另外的 5 根插筋伸出基础顶面($H_n/3+35d$)。柱插筋长短筋的这个差距向上一直维持,直到顶层。

(2) 焊接连接时,接头错开距离 $\geqslant 35d$ 且 $\geqslant 500$ mm。

(3) 绑扎搭接时,搭接长度为 l_{lE}(l_{lE} 是抗震的绑扎搭接长度),接头错开距离 $\geqslant 0.3 l_{lE}$。

■ 讨论　　为什么说当层高较小时,绑扎搭接的做法不可使用?

【答】　例如,一层的框架柱净高为 3300 mm,即从基础的顶面到梁的底面的高度 H_n 是 3300 mm,假设 $l_{lE}=1000$ mm,根据 16G101-1 图集的规定,基础顶面以上非连接区高度为

$$H_n/3 = 3300/3 \text{ mm} = 1100 \text{ mm}$$

这个非连接区顶部是第一个搭接区的起点,则框架柱短插筋伸出基础的高度为

$$H_n/3 + l_{lE} = (1100 + 1000) \text{ mm} = 2100 \text{ mm}$$

框架柱插筋第二个搭接区与第一个搭接区之间间隔 $0.3 l_{lE}$,框架柱长插筋伸出基础的高度为

$$H_n/3 + 2.3 l_{lE} = (1100 + 2.3 \times 1000) \text{ mm} = 3400 \text{ mm}$$

这个长度已经超过了 3300 mm(H_n),伸进了框架柱上部的非连接区内,这是不允许的。

所以,16G101-1 图集第 63 页在绑扎搭接构造图下方注写:"当某层连接区的高度小于纵筋分两批搭接所需的高度时,应改用机械连接或焊接连接。"

"Let me try!"

测试 2. 某框架柱采用焊接连接、机械连接和绑扎搭接三种连接方式,如图 1-3 所示,一层柱净高为 3600 mm,假设 $l_{lE}=50d$,分别计算三种方式基础插筋的预留长度:$X_1=(\quad)$ mm,$X_2=(\quad)$ mm,$X_3=(\quad)$ mm,$X_4=(\quad)$ mm,$X_5=(\quad)$ mm,$X_6=(\quad)$ mm。

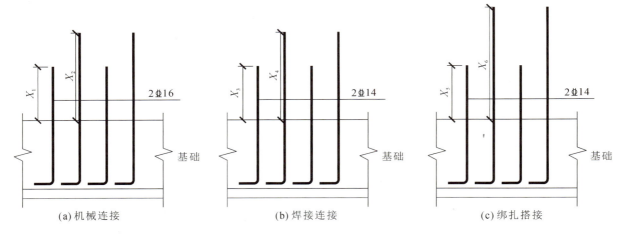

图 1-3　测试 2 结构图

图集还有一些注释需要注意。

16G101-1 图集第 63 页注 4:"轴心受拉及小偏心受拉柱内的纵向钢筋不得采用绑扎搭接接头,设计者应在柱平法结构施工图中注明其平面位置及层数。"

16G101-1 图集第 59 页注 4:"当受拉钢筋直径 >25 mm 及受压钢筋直径 >28 mm 时,不宜采用绑扎搭接。"

> 注意:"当受拉钢筋直径 >25 mm 及受压钢筋直径 >28 mm 时,不宜采用绑扎搭接。"这个规定,不等于说只有当柱纵向钢筋直径 $d>28$ mm 时,才能采用机械连接和焊接连接。不少施工企业在施工组织设计中规定,当钢筋直径在 14 mm 以下时才使用绑扎搭接,而当钢筋直径在 14 mm 以上时,使用机械连接或焊接连接。

2. 上柱钢筋比下柱多时的连接构造

16G101-1 图集第 63 页图 1 给了上柱钢筋比下柱多时的构造大样(见图 1-4),这种情况在实际中也是非常常见的。上柱多出的钢筋锚入下柱(楼面以下)$1.2l_{aE}$。注意,在计算 l_{aE} 的数值时,按照上柱的钢筋直径计算。

看图 1-4 时,关键是看上柱多出的钢筋锚入下柱的做法和锚固长度。至于楼面以上部分可以不用考虑。图上画的楼面以上是柱纵筋绑扎搭接构造,至于机械连接和焊接连接,原理是一样的。

3. 下柱钢筋比上柱多时的连接构造

下柱钢筋比上柱多时,下柱多出的钢筋伸入楼层梁,从梁底算起伸入楼层梁的长度为 $1.2l_{aE}$(见图 1-5)。如果楼层梁的截面高度小于 $1.2l_{aE}$,则下柱多出的钢筋可能伸出楼面。注意,在计算 l_{aE} 的数值时,按照下柱钢筋直径计算。

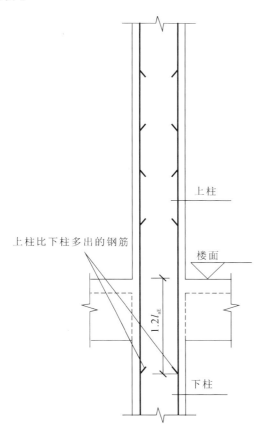

图 1-4 上柱钢筋比下柱多时的构造大样

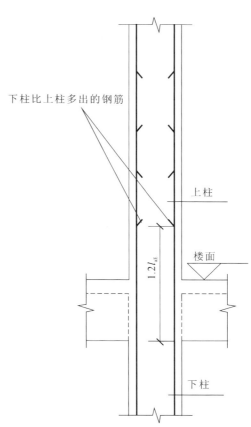

图 1-5 下柱钢筋比上柱多时的构造大样

"Let me try!"

测试 3. 济南市某商场采用框架结构,抗震等级为二级,混凝土采用 C40,柱平法施工图中 KZ7 纵向钢筋在一层和二层的数量有变化,如图 1-6 所示,二层柱比一层柱多 2 根Φ18 钢筋,根据柱配筋的立面图,$X_1 =$ (   )mm。

测试 4. 郑州市某中学实验楼采用框架结构,抗震等级为三级,混凝土采用 C35,柱平法施工图中 KZ5 纵向钢筋在四层和五层的数量有变化,如图 1-7 所示,四层柱比五层柱多 2 根Φ22 钢筋,根据柱配筋的立面图,$X_2 =$ (   )mm。

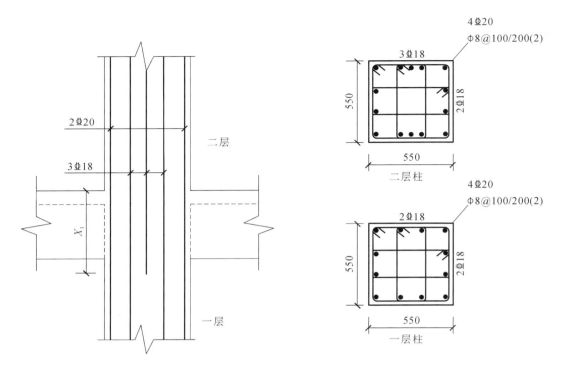

图 1-6　测试 3 结构图

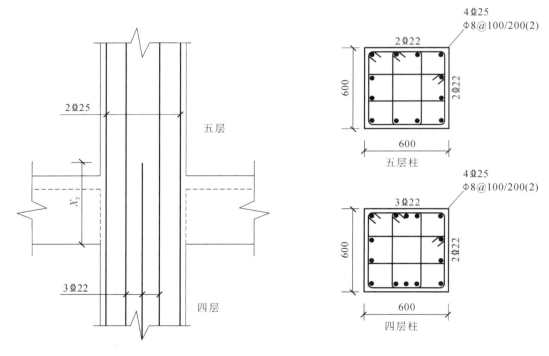

图 1-7　测试 4 结构图

4. 上柱钢筋直径比下柱钢筋直径大时的柱纵筋连接构造

上柱钢筋直径比下柱钢筋直径大时的柱纵筋连接构造见 16G101-1 图集第 63 页图 2（见图 1-8）：上、下柱纵筋的连接不在楼面以上进行，而改在下柱之内连接。图集给了绑扎搭接的构造，整个绑扎搭接连接区都在下柱的"上端非连接区"以外。

讨论

为什么上柱钢筋直径比下柱大时，上、下柱纵筋在下柱进行连接？

【答】 在施工图设计时，出现上柱纵筋直径比下柱大的情况，此时，如果还要执行上柱纵筋和下柱纵筋在楼面以上连接，就会造成上柱柱根部位的纵筋直径小于柱中部纵筋直径的不合理现象。

之所以说这种现象不合理，是因为在水平地震的作用下，上柱柱根和下柱柱顶这段范围是最容易被破坏的部位。设计师把上柱纵筋直径设计得比较大，说明他已经考虑了这一因素。如果我们在施工中，把下柱直径较小的纵筋伸到上柱根部以上和上柱纵筋连接，上柱根部的钢筋就成"细钢筋"了。这就削弱了上柱根部的抗震能力，违背了设计意图。

所以，在上柱钢筋直径比下柱大的时候，把上柱纵筋伸到下柱之内进行连接是正确的。把上柱纵筋伸到非连接区的下方，才能与下柱纵筋进行连接（见图1-8、图1-9、图1-10）。这样一来，下柱顶部的纵筋直径变大了，柱钢筋的用量变大了，对于加强下柱顶部的抗震能力是有利的。

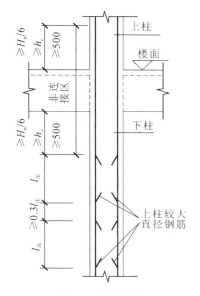
图1-8 绑扎搭接

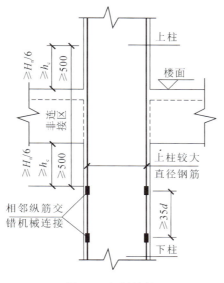
图1-9 机械连接

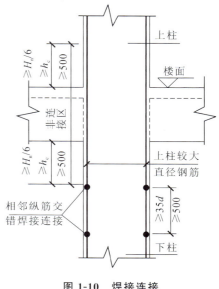
图1-10 焊接连接

"Let me try!"

测试5. 太原市某商场采用框架结构，抗震等级为三级，混凝土采用C40，柱平法施工图中KZ11纵向钢筋在六层和七层的直径有变化，柱纵向钢筋采用机械连接和焊接连接，框架柱立面图已知，如图1-11所示。如果采用绑扎搭接，计算 X_1=（   ）mm，X_2=（   ）mm，X_3=（   ）mm。

注意：从本题可以看出，按照计算，六层配置⏀16的钢筋，但是在六层顶部出现⏀18的钢筋，对六层来讲是加强措施，对抗震有利。

5. 地下室KZ钢筋构造

16G101-1图集第64页的标题叫作"地下室KZ的纵向钢筋连接构造，地下室KZ的箍筋加密区范围"。首先，我们看看图集这一页画了些什么。

（1）地下室框架柱纵向钢筋绑扎搭接、机械连接、焊接连接（见图1-12）与框架柱纵筋连接构造（见图1-1）基本相同，不同之处如下：

① 底部为基础顶面，非连接区为"三选一"，即 max(≥H_n/6、≥h_c、≥500)；

② 中间为地下室楼面，与框架柱纵筋连接构造楼面相同；

③ 上面为嵌固部位,其上方的非连接区为"$H_n/3$"。

(2) 中间的细长条的图为"箍筋加密区范围":与柱纵筋非连接区范围一致。

(3) 16G101-1 图集第 64 页的注 1:"本页图中钢筋连接构造及柱箍筋加密区范围用于嵌固部位不在基础顶面情况下地下室部分(基础顶面至嵌固部位)的柱。"

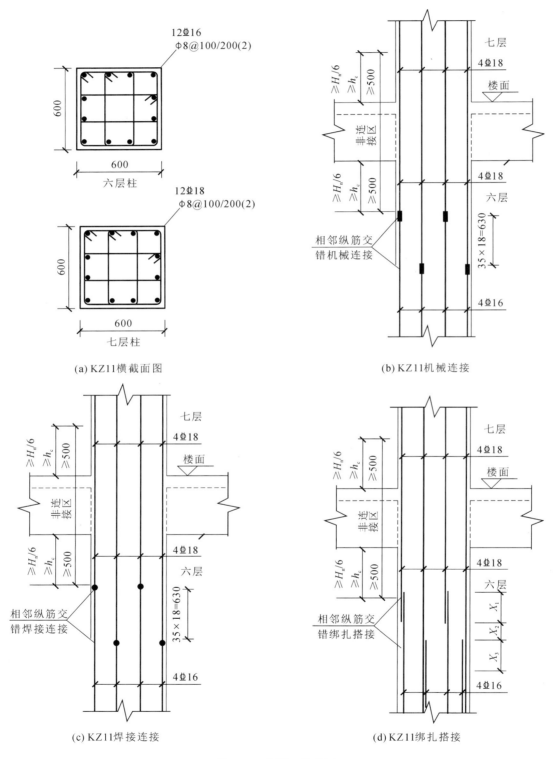

图 1-11　测试 5 结构图

结构柱平法识图与钢筋算量

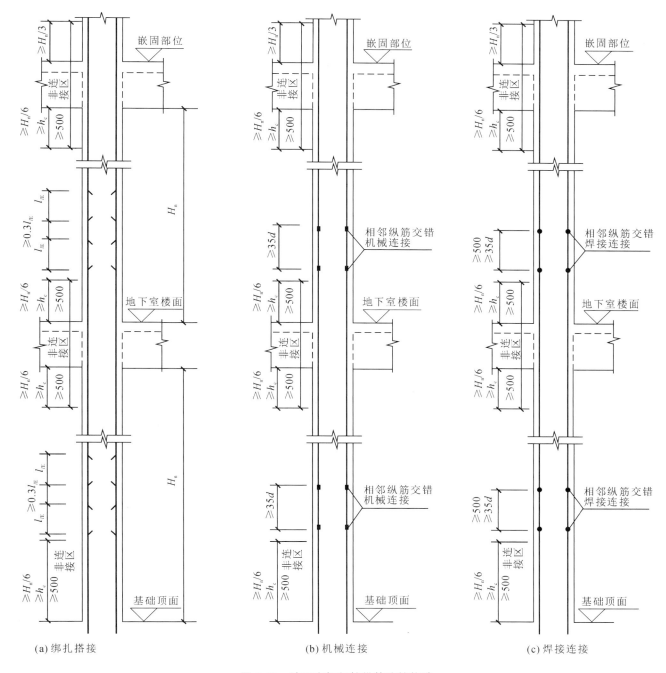

(a) 绑扎搭接　　　　　　　　(b) 机械连接　　　　　　　　(c) 焊接连接

图 1-12　地下室框架柱纵筋连接构造

 与实际工程结合

结构施工图中关于嵌固端的介绍。

工程概况和总则：

① 工程名称为某商厦 1# 楼。

② 本工程地上十五层，地下一层，地下室顶作为结构的嵌固端，本结构说明内容只适用于地上部分，基础部分说明详见基础施工图。本工程室内地面标高为±0.000，绝对标高为 29.900 m（黄海高程）。建筑物主要屋面高度约 76.50 m，为 A 级高度钢筋混凝土高层建筑。

③ 本工程设计计算采用的是中国建筑科学研究院 PKPMCAD 工程部编制的结构分析程序,高层建筑整体计算的嵌固部位为基础项。

"Let me try!"

测试 6. 银川市某办公楼采用框架结构,抗震等级为二级,混凝土采用 C40,有两层地下室,如图 1-13 所示。结构设计总说明规定,结构嵌固端是地下室顶板。假设二楼的结构标高是 4.100 m,二楼框架梁截面高度是 800 mm。计算非连接区长度 X_1=(　　)mm, X_2=(　　)mm, X_3=(　　)mm, X_4=(　　)mm, X_5=(　　)mm。

测试 7. 假设上题的结构嵌固端改在基础顶面,计算非连接区长度 X_1=(　　)mm, X_2=(　　)mm, X_3=(　　)mm, X_4=(　　)mm, X_5=(　　)mm。

测试 8. 假设上题的结构嵌固端改在-4.500 m 楼面,计算非连接区长度 X_1=(　　)mm, X_2=(　　)mm, X_3=(　　)mm, X_4=(　　)mm, X_5=(　　)mm。

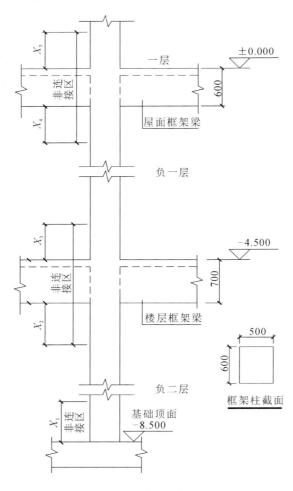

图 1-13　测试 6 结构图

测试 9. 结构嵌固端在地下室顶板,框架柱采用机械连接、焊接连接和绑扎搭接三种连接方式,如图 1-14 所示。分别计算三种方式基础插筋的预留长度 X_1=(　　)mm, X_2=(　　)mm, X_3=(　　)mm, X_4=(　　)mm, X_5=(　　)mm, X_6=(　　)mm。

测试 10. 结构嵌固端在基础顶面,框架柱采用机械连接、焊接连接和绑扎搭接三种连接方式,分别计算三种方

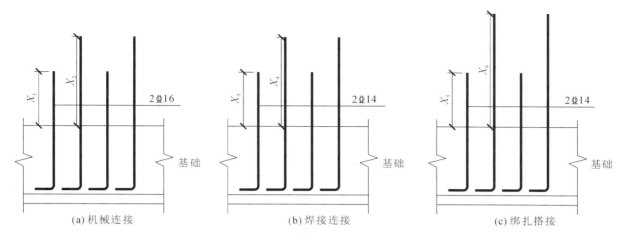

图 1-14 测试 9 结构图

式基础插筋的预留长度 $X_1=($ $)$mm，$X_2=($ $)$mm，$X_3=($ $)$mm，$X_4=($ $)$mm，$X_5=($ $)$mm，$X_6=($ $)$mm。

6. 框架柱中柱柱顶纵向钢筋构造

抗震框架柱（KZ）中柱柱顶纵向钢筋构造，见 16G101-1 图集第 68 页。

当中柱柱顶纵向钢筋不满足直锚要求时，可做弯锚，如图 1-15 所示。

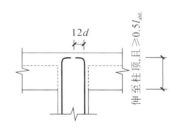

(a) ①大样

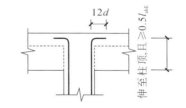

(当柱顶有不小于100 mm厚现浇板时)

(b) ②大样

图 1-15 中柱柱顶纵向钢筋弯锚构造

一般情况下，屋面现浇板的厚度都≥100 mm，所以优选②大样。当屋面现浇板的厚度＜100 mm 时，采用①大样，将柱纵筋向柱内侧弯折。

当屋面框架梁截面高度较大，中柱纵向钢筋伸入屋面框架梁能满足直锚要求（$\geq l_{aE}$）时，可不用弯锚，如图 1-16 所示。注意：此时，纵向钢筋伸到柱顶（留有保护层），同时$\geq l_{aE}$，并不是伸到框架梁内满足 l_{aE} 截断。

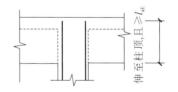

图 1-16 中柱柱顶纵向钢筋直锚构造

说明：①大样和②大样的做法类似，只是一个是柱纵筋的弯钩向内拐，一个是柱纵筋的弯钩向外拐，显然，弯钩向外拐的做法更有利。因为柱内侧的纵向钢筋、箍筋比较密集，弯钩向内拐，柱内侧的钢筋比较拥挤。

当然，②大样需要一定的条件，即顶层为现浇混凝土楼板且板厚≥100 mm，但是这样的条件，一般工程都能满足。

"Let me try!"

测试 11. 某框架结构，抗震等级为一级，采用 C40 混凝土。钢筋保护层厚度为 30 mm。柱顶纵向钢筋的构造见测试 11 和测试 12 对比的结构图,如图 1-17 所示。

测试 12. 如果钢筋直径发生变化,能够满足直锚要求,就不用做弯锚。经过计算,$l_{aE}=33d=33\times16$ mm = 528 mm。但是柱纵向钢筋并不是伸到 528 mm 截断,而是一直伸到柱顶(留有保护层)。

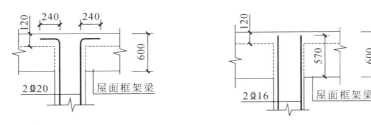

图 1-17 测试 11 和测试 12 对比的结构图

7. 框架柱变截面位置纵向钢筋构造

抗震框架柱(KZ)变截面位置纵向钢筋构造,见 16G101-1 图集第 68 页,如图 1-18 所示。

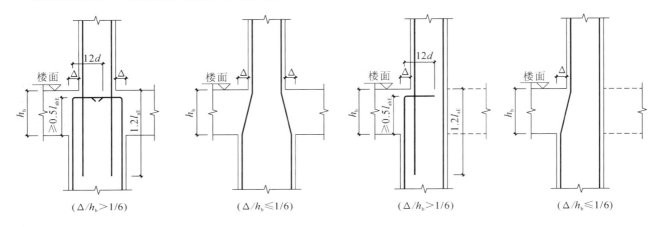

图 1-18 抗震框架柱(KZ)变截面位置纵向钢筋构造

 "Let me try!"

测试 13. 某框架柱在八层和九层截面尺寸发生变化,如图 1-19 所示。在框架柱截面尺寸变化幅度一致的情况下,框架梁的截面高度不一样,柱纵向钢筋的构造是有区别的。假设 $l_{aE}=35d$,计算 $X_1=$( )mm。

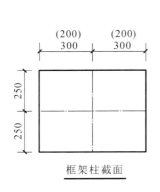
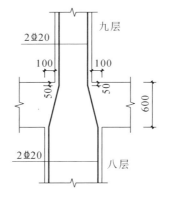
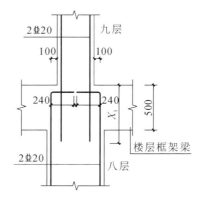

图 1-19 测试 13 结构图

8. 剪力墙上柱 QZ 纵向钢筋构造

首先,我们来认识一下剪力墙上柱 QZ 是一个什么性质的结构。剪力墙上柱 QZ 与下层剪力墙有两种锚固构造,如图 1-20 所示。

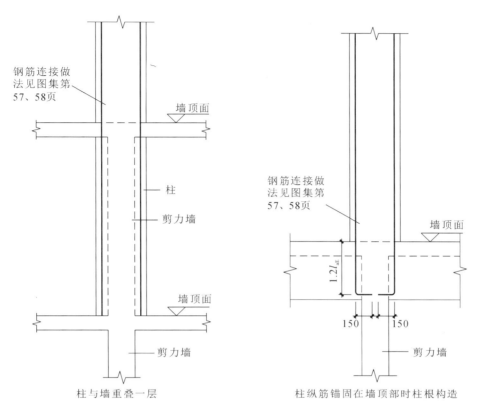

图 1-20 剪力墙上柱 QZ 纵筋构造

第一种构造为剪力墙上柱 QZ 与下层剪力墙重叠一层。

剪力墙顶面以上的墙上柱,其纵筋连接构造同前面讲过的框架柱一样(可分为绑扎搭接、机械连接和焊接连接)。因此,看这些构造图不必关注墙上柱部分,而只需注意框架柱(墙上柱)的柱根是如何在剪力墙上进行锚固的。

第一种锚固方法是柱与墙重叠一层,就是把上层框架柱的全部柱纵筋向下伸至下层剪力墙的楼面,也就是与下层剪力墙重叠一个楼层。从外形上看,就像"附墙柱"一样。在墙顶面标高以下锚固范围内的柱箍筋按上柱非加密区箍筋要求设置。

第二种构造为柱纵筋锚固在墙顶部。上柱纵筋锚入下一层的框架梁,直锚长度为 $1.2l_{aE}$,弯锚长度为 150 mm。这种做法是有条件的,正如 16G101-1 图集第 65 页注 7 所示,墙上起柱(柱纵筋锚固在墙顶部)时,墙体的平面外方向应该设梁,以平衡柱脚在该方向的弯矩;当柱宽度大于梁宽时,梁应设水平加腋。

9. 梁上柱 LZ 纵向钢筋构造

梁上柱是一种特殊的柱,它不是框架柱。

框架柱是"生根"在地面以下的基础里的。然而,梁上柱作为一种"半空中生出来的柱",它不"生根"在基础上,只能"生根"在梁上,所以称为梁上柱。梁上柱纵向钢筋的构造见 16G101-1 图集第 65 页。梁上柱 LZ 纵向钢筋构造如图 1-21 所示,其要点如下。

(1) 梁上柱 LZ 纵筋"坐底"并弯锚 15d，锚固垂直段长度 $\geqslant 0.5l_{abE}$ 且 $\geqslant 20d$。"坐底"就是"一脚掌踩到底"，柱纵筋的弯钩"踩"在梁下部纵筋之上。

(2) 柱插筋在梁内的部分至少设置两道柱箍筋，且间距不大于 500 mm，其作用是固定柱插筋。

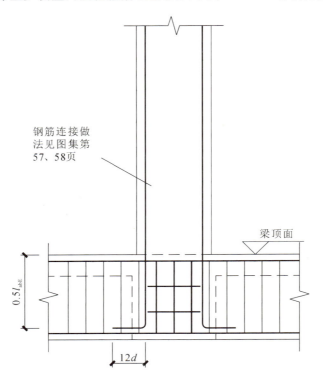

图 1-21 梁上柱 LZ 纵向钢筋构造

任务 2　框架柱箍筋构造

1. 框架柱箍筋加密区范围

16G101-1 图集第 65 页规定了框架柱（不带地下室）箍筋加密区的范围，如图 1-22 所示，第 64 页规定了框架柱（带地下室）箍筋加密区的范围，如图 1-23 所示，与之前讲解的框架柱非连接区的范围一致。

图集第 65 页注 2 讲到，当柱纵筋采用绑扎搭接时，搭接区范围内箍筋构造见图集第 59 页。对于梁、柱类构件，纵向受力钢筋搭接区，箍筋需加密设置，箍筋加密区的长度就是 $2.3l_{lE}$，如图 1-24 所示。

图集第 59 页注 3 讲到，当受压钢筋直径大于 25 mm 时，尚应在搭接接头两个端面外 100 mm 的范围内各设置两道箍筋，如图 1-25 所示。

关于底层刚性地面箍筋加密区的设置，图集第 65 页给出了大样，如图 1-26 所示。

讨论　什么是刚性地面？常见的混凝土地面算刚性地面吗？

【答】　横向压缩变形小、竖向比较坚硬的地面属于刚性地面。混凝土强度等级 $\geqslant$C20、厚度 $\geqslant$200 mm 的地面是刚性地面。（以上内容仅供参考）

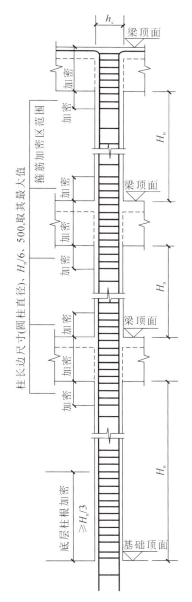

图 1-22 框架柱(不带地下室)箍筋加密区范围

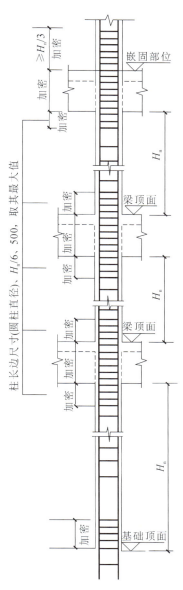

图 1-23 框架柱(带地下室)箍筋加密区范围

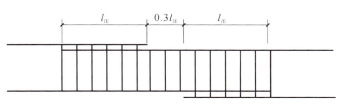

图 1-24 搭接区箍筋加密设置(一)

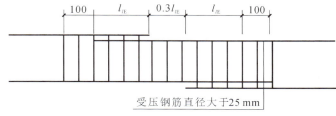

图 1-25 搭接区箍筋加密设置(二)

2. 框架柱箍筋根数的计算

下面,我们通过一些具体工程实例,讲解不同情况下,框架柱箍筋根数的计算方法。

1) 一层以上各楼层的框架柱箍筋根数计算

例 1-1 楼层的层高是 4.2 m,抗震框架柱 KZ2 的截面尺寸是 700×650,箍筋标注为 Φ8@100/200,该

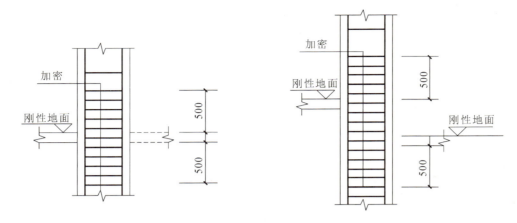

图 1-26 底层刚性地面箍筋加密设置

层顶板的框架梁截面尺寸为 250×600。柱纵向钢筋采用焊接连接。

求该楼层的框架柱箍筋根数。

【解】 本楼层的柱净高 $H_n=(4200-600)\text{ mm}=3600\text{ mm}$。

框架柱截面长边尺寸 $h_c=700\text{ mm}$。

柱下端箍筋加密区范围是 $\max(H_n/6,h_c,500)=700\text{ mm}$。

柱下端加密区箍筋根数是 700/100 根=7 根。

柱上端箍筋加密区范围(包括梁高在内)是 $(700+600)\text{ mm}=1300\text{ mm}$。

柱上端加密区箍筋根数为 1300/100 根=13 根。

柱中部箍筋非加密区范围为 $(4200-1300-700)\text{ mm}=2200\text{ mm}$。

柱中部非加密区箍筋根数是 2200/200 根=11 根。

该楼层箍筋的总根数是 (7+13+11) 根=31 根。

分析:对于框架柱,各楼层的箍筋是连续设置的,不再执行根数"+1"的做法。
在"范围、间距"的计算过程中,我们仍然执行"有小数则进 1"的原则,而不是"四舍五入"。

2) 一层框架柱箍筋根数计算

例 1-2 一层的层高是 3.9 m,抗震框架柱 KZ3 的截面尺寸是 600×600,箍筋标注为 Φ8@100/200,该层顶板的框架梁截面尺寸为 300×650。柱纵向钢筋采用机械连接。基础顶面标高是 −0.600 m。

求该楼层的框架柱箍筋根数。

【解】 一层的层高是一楼的室内地面(0.000 标高)到二楼板面的距离,所以一楼框架柱的结构高度是 3.9 m+0.6 m=4.5 m。

一楼框架柱净高 $H_n=(4500-650)\text{ mm}=3850\text{ mm}$。

柱下端(柱根)箍筋加密区范围是 $H_n/3=1284\text{ mm}$。

柱根加密区箍筋根数是 1284/100 根=13 根。

柱上端箍筋加密区范围是 $\max(H_n/6,h_c,500)+650=(642+650)\text{ mm}=1292\text{ mm}$。

柱上端加密区箍筋根数是 1292/100 根=13 根。

柱中部非加密区范围是 $(3850-1284-642)\text{ mm}=1924\text{ mm}$。

柱中部箍筋根数是 1924/200 根=10 根。

该楼层的框架柱箍筋根数是(13+13+10)根=36根。

例 1-3 一层的层高是 4.5 m，抗震框架柱 KZ7 的截面尺寸是 600×600，箍筋标注为 Φ10@100/200，纵向钢筋采用Φ16，该层顶板的框架梁截面尺寸为 300×600。柱纵向钢筋采用绑扎搭接，抗震搭接长度 $l_{lE}=50d$。基础顶面标高是 -0.600 m。

求该楼层的框架柱箍筋根数。

【解】 按照上题的计算原理，一层框架柱结构净高是 $H_n=(4500-600+600)$ mm=4500 mm。

柱下端(柱根)箍筋加密区范围是 $H_n/3=1500$ mm。

柱上端箍筋加密区范围是 $\max(H_n/6, h_c, 500)+600=(750+600)$ mm=1350 mm。

搭接长度 $l_{lE}=50×16$ mm=800 mm。

搭接范围是 $2.3l_{lE}=2.3×800$ mm=1840 mm。

柱净高范围内的加密区长度是 1840+750+1500 mm=4090 mm<H_n。

说明柱净高的范围内采用绑扎搭接是允许的。

层高范围加密区长度是(4090+600) mm=4690 mm。

加密区范围箍筋根数是 4690/100 根=47 根。

非加密区长度是(4500-4090) mm=410 mm。

非加密区范围箍筋根数是 410/200 根=2.05 根，取 3 根。

层高范围箍筋根数是 47 根+3 根=50 根。

分析：图集第 59 页规定，纵向钢筋搭接范围内，箍筋采用加密措施。对于框架柱，需要验算加密区范围是否超过柱净高。如果加密区范围大于柱净高，就不允许采用绑扎搭接。

3. 框架柱的复合箍筋

矩形箍筋复合方式见 16G101-1 图集第 70 页。根据构造要求，当柱截面短边尺寸大于 400 mm，且各边纵向钢筋多于 3 根时，或当截面短边尺寸不大于 400 mm，但各边纵向钢筋多于 4 根时，应设置复合箍筋。设置复合箍筋遵循下列原则。

1) 大箍套小箍

矩形柱的箍筋，都采用大箍里面套若干小箍的方式。如果是偶数肢数，则用几个两肢小箍来组合；如果是奇数肢数，则用几个两肢小箍加上一个单肢(拉筋)来组合。

2) 内箍或拉筋的设置满足"隔一拉一"

不允许存在两根相邻的纵筋同时没有钩住箍筋的现象。

3) "内箍水平段最短"原则

其目的是使内箍与外箍重合的长度最短。

4) 施工时，纵、横方向的内箍(小箍)紧贴外箍(大箍)放置

柱复合箍筋在绑扎时，以大箍为基准，纵向的小箍放在大箍上面，横向的小箍放在大箍下面；或者是纵向的小箍放在大箍下面，横向小箍放在大箍上面。这就是图集第 70 页注 1 的指导思想。

讨论 16G101-1 图集中对柱采用的是大箍套小箍的做法，为什么不能用几个等箍互套的做法？还有工程师主张大箍套中箍，中箍套小箍的做法，这种主张正确吗？

【答】 按照图集第 70 页柱复合箍筋的做法，在柱子的四个侧面上，任何一个侧面只有两根并排重合的一小段箍筋,这样可以保证混凝土对每根箍筋不小于270°的包裹,这对保证混凝土对钢筋的有效黏结至关重要。

如果把等箍互套用于外箍,就破坏了外箍的封闭性,这是很危险的;如果把等箍互套用于内箍,就会造成外箍与互套的两段内箍有三段钢筋并排重叠在一起,影响混凝土对钢筋的包裹,这是不允许的,而且还多用了钢筋。

如果采用大箍套中箍,中箍套小箍的做法,柱侧面并排的钢筋就会达到三层、四层甚至更多,影响混凝土对钢筋的包裹,而且浪费更多钢筋。

我们以6×6复合箍筋为例,对比分析正确的做法和错误的做法,如图1-27和图1-28所示。

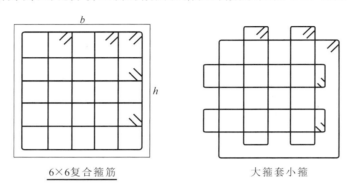

图1-27 复合箍筋正确的做法

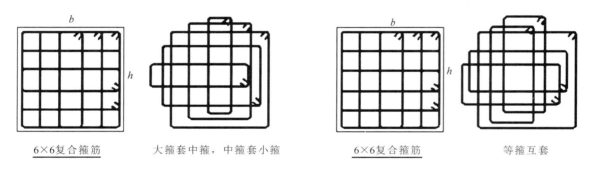

图1-28 复合箍筋两种错误的做法

与实际工程结合

框架柱一侧有8根纵筋,采用6肢箍,图1-29所示的三种做法,为什么是正确的、不好的和错误的?

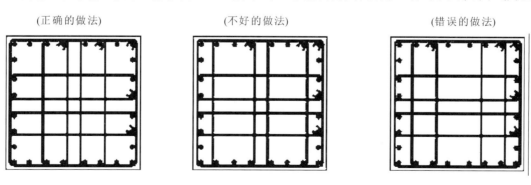

图1-29 复合箍筋做法对比

任务 3　框架柱基础插筋构造

1. 框架柱插筋在基础中的构造

16G101-3 图集第 66 页"柱纵向钢筋在基础中构造"给出了四种做法，主要是按照框架柱的位置（位于基础中间、位于基础边缘）和基础的厚度（基础较厚、基础较薄）进行组合，如图 1-30 所示。基础的截面高度减掉基底钢筋所占的空间及基底钢筋的保护层厚度，如果满足框架柱钢筋的直锚要求，定义为基础较厚；反之，定义为基础较薄。

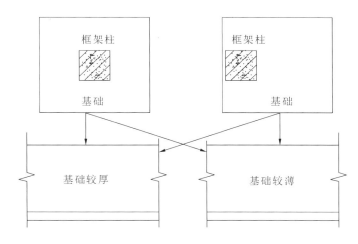

图 1-30　基础的组合

图集第 66 页注 4 指明了基础高度较大时，柱插筋不必全部"坐底"的做法。

当符合下列条件之一时，可仅将柱四角纵筋伸至底板钢筋网片上或者筏形基础中间层钢筋网片上（伸至钢筋网片上的柱纵筋间距不应大于 1000 mm），其余纵筋锚固在基础顶面下 l_{aE} 即可。

（1）柱为轴心受压或者小偏心受压，基础高度或基础顶面至中间层钢筋网片顶面距离不小于 1200 mm。

（2）柱为大偏心受压，基础高度或基础顶面至中间层钢筋网片顶面距离不小于 1400 mm。

图集第 66 页要求的基础里面，柱箍筋为矩形封闭箍筋（非复合箍筋），其意义在于，基础里面，柱插筋上的箍筋是为了保证插筋的稳定，所以只需要外箍，不需要复合箍筋的内箍。

2. 框架柱基础插筋的计算

我们需要结合 16G101-1 图集和 16G101-3 图集，讲解框架柱基础插筋的计算。

我们以独立基础为例，说明在基础相连层需要考虑哪些问题。框架柱基础插筋由两部分组成。

1) 伸出基础顶面部分

（1）基础是框架柱的嵌固端。假设首层的净高是 H_n（基础顶面到上一层梁底面），框架柱的长边尺寸是 h_c，抗震搭接长度是 l_{lE}。当框架柱纵向钢筋采用机械连接、焊接连接和绑扎搭接时，插筋伸出基础顶面的长度不同，如图 1-31 所示。

（2）基础不是框架柱的嵌固端。对于带地下室的框架结构，经常会以地下室顶板作为嵌固端。此时基础不是嵌固端。基础不是框架柱的嵌固端时基顶插筋预留情况如图 1-32 所示。图中，"三选一"为 $\max(H_n/6, h_c, 500)$。

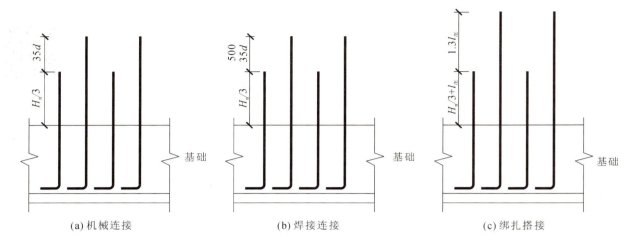

图 1-31 基础是框架柱的嵌固端时基顶插筋预留情况

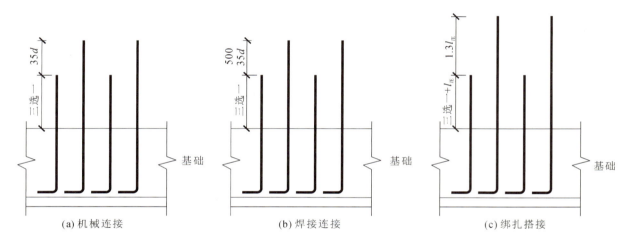

图 1-32 基础不是框架柱的嵌固端时基顶插筋预留情况

2）锚入基础以内的部分

框架柱的基础插筋要求"坐底"，无论是否满足直锚要求，都需要做弯锚，弯钩支承在底板钢筋网片上。

（1）基础较厚（基础高度满足直锚要求）时，对应 16G101-3 图集的（a）大样和（b）大样，插筋在基础以内部分的长度计算公式为基础截面高度－基底保护层厚度－2×基底钢筋直径－2.29d＋max(6d,150)。

（2）基础较薄（基础高度不满足直锚要求）时，对应 16G101-3 图集的（c）大样和（d）大样，插筋在基础以内部分的长度计算公式为基础截面高度－基底保护层厚度－2×基底钢筋直径－2.29d＋15d。

例 1-4 某框架柱 KZ2 采用独立基础，KZ2 位于基础中心，基础是上部结构的嵌固端，基础高度为 700 mm，基底配置⌀14@180 单层双向钢筋网片，基底钢筋保护层厚度为 40 mm，基础采用 C35 混凝土，柱采用 C40 混凝土。结构抗震等级为二级。基顶标高为－0.600 m，二层板面标高为 4.200 m，二层框架梁截面高度为 600 mm。框架柱截面图如图 1-33 所示。框架柱纵筋分别采用机械连接、焊接连接、绑扎搭接，如图 1-34 所示，计算柱插筋的下料长度。

【解】 框架柱净高 H_n＝(4200＋600－600) mm＝4200 mm。

因为基础是嵌固端，基顶非连接区为 $H_n/3$＝4200/3 mm＝1400 mm。

查表得 l_{aE}＝37d＝37×16 mm＝592 mm。

700 mm－40 mm－2×14 mm＝632 mm＞l_{aE}，基础高度满足直锚要求。

插筋在基础以内部分的长度计算公式为基础截面高度－基底保护层厚度－2×基底钢筋直径－2.29d＋max($6d$,150)＝[700－40－2×14－2.29×16＋max(6×16,150)] mm＝746 mm。

纵筋采用机械连接、焊接连接、绑扎搭接时,接头都是相互错开的,所以基础插筋有长筋、短筋之分。

当采用机械连接时,短筋伸出基顶 $H_n/3$＝4200/3 mm＝1400 mm,长筋伸出基顶(1400＋35×16) mm＝1960 mm。

当采用焊接连接时,短筋伸出基顶 $H_n/3$＝4200/3 mm＝1400 mm,长筋伸出基顶[1400＋max(35×16,500)] mm＝1960 mm。

当采用绑扎搭接时,l_{lE}＝$46d$,短筋伸出基顶 $H_n/3＋l_{lE}$＝(1400＋46×16) mm＝2136 mm,长筋伸出基顶 $H_n/3＋2.3l_{lE}$＝(1400＋2.3×46×16) mm＝3093 mm。

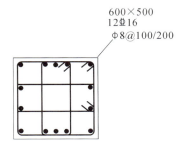

图 1-33 框架柱截面图

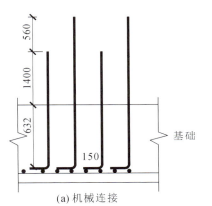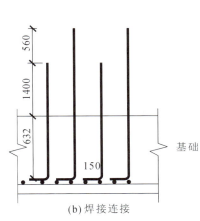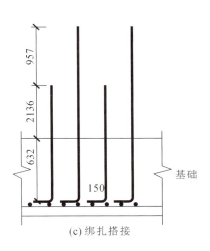

(a) 机械连接　　　(b) 焊接连接　　　(c) 绑扎搭接

图 1-34 框架柱 KZ2 基础插筋

分析:框架柱纵筋在基础中锚固,所以锚固长度 l_{aE} 按照基础的混凝土等级取用;框架柱纵筋在柱内搭接,所以 l_{lE} 按照框架柱的混凝土等级取用。

例 1-5 某框架柱 KZ7 采用独立基础,KZ7 位于基础中心,基础是上部结构的嵌固端,基础高度为 1300 mm,基底配置⊕18@100 单层双向钢筋网片,基底钢筋保护层厚度为 40 mm,基础采用 C40 混凝土,框架柱采用 C45 混凝土。结构抗震等级为三级。基顶标高为－0.500 m,一层层面标高为 4.100 m,二层框架梁截面高度为 700 mm。框架柱截面图如图 1-33 所示。框架柱纵筋分别采用机械连接、焊接连接、绑扎搭接,如图 1-35 所示,计算柱插筋的下料长度。(KZ7 是轴心受压构件)

【解】 一般来讲,一层的层高是从一楼室内地面(0.000)开始计算的,一层框架柱的结构净高是从基础顶面开始计算的。

一层框架柱净高 $H_n = (4100 - 700 + 500)\,\text{mm} = 3900\,\text{mm}$。

基顶之上非连接区是 $H_n/3 = 1300\,\text{mm}$。

查表得 $l_{aE} = 30d = 30 \times 16\,\text{mm} = 480\,\text{mm}$。

基础高度为 $1300\,\text{mm} > l_{aE}$，能满足直锚要求。

16G101-3 图集第 66 页注 4 规定，柱为轴心受压且基础高度不小于 1200 mm 时，可仅将四角纵筋伸至底板钢筋网片，其余纵筋锚固在基础顶面下 l_{aE} 即可。

四角插筋在基础内部的长度为

基础截面高度 − 基底保护层厚度 − 2×基底钢筋直径 − 2.29d + max(6d, 150)
$= (1300 - 40 - 2 \times 18 - 2.29 \times 16 + 150)\,\text{mm} = 1338\,\text{mm}$

其余纵筋锚入基础内部的长度为

$$l_{aE} = 480\,\text{mm}$$

纵筋采用机械连接、焊接连接、绑扎搭接时，接头都是相互错开的，所以基础插筋有长筋、短筋之分。

当采用机械连接时，短筋伸出基顶 $H_n/3 = 3900/3\,\text{mm} = 1300\,\text{mm}$，长筋伸出基顶 $H_n/3 + 35d = (1300 + 35 \times 16)\,\text{mm} = 1860\,\text{mm}$。

当采用焊接连接时，短筋伸出基顶 $H_n/3 = 3900/3\,\text{mm} = 1300\,\text{mm}$，长筋伸出基顶 $H_n/3 + \max(35d, 500) = (1300 + 35 \times 16)\,\text{mm} = 1860\,\text{mm}$。

当采用绑扎搭接时，$l_{lE} = 41d = 41 \times 16\,\text{mm} = 656\,\text{mm}$，短筋伸出基顶 $H_n/3 + l_{lE} = (1300 + 41 \times 16)\,\text{mm} = 1956\,\text{mm}$，长筋伸出基顶 $H_n/3 + 2.3l_{lE} = (1300 + 2.3 \times 41 \times 16)\,\text{mm} = 2809\,\text{mm}$。

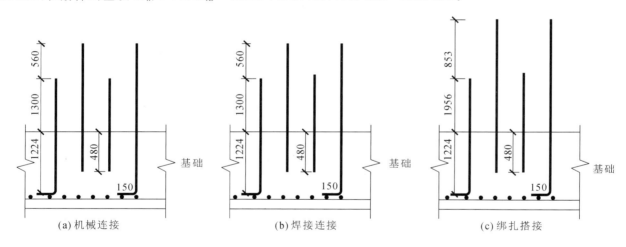

图 1-35 框架柱 KZ7 基础插筋

"Let me try!"

测试 14. 某框架结构带两层地下室，地下室顶板是上部结构的嵌固端。框架柱 KZ9 采用独立基础，KZ9 位于基础中心，基础高度为 500 mm，基底配置Φ12@150 单层双向钢筋网片，基底钢筋保护层厚度为 50 mm，基础采用 C30 混凝土，柱采用 C35 混凝土。结构抗震等级为一级。基顶标高为 −7.200 m，地下一层板面标高为 −3.000 m，地下一层框架梁截面高度为 600 mm。框架柱截面图如图 1-33 所示。框架柱纵筋分别采用机械连接、焊接连接、绑扎搭接，计算柱插筋的下料长度。

框架柱基础插筋照片如图 1-36 所示。

结构柱平法识图与钢筋算量

图 1-36 框架柱基础插筋照片

项目 2 梁平法识图与钢筋算量

本章内容提要

本章主要介绍框架梁纵向钢筋构造、框架梁箍筋构造、非框架梁构造、悬挑梁构造。

框架梁纵向钢筋构造包括上部通长筋、支座负弯矩钢筋、架立钢筋、下部钢筋、侧面构造钢筋的连接、锚固及截断位置的计算。

框架梁箍筋构造包括箍筋加密区长度、非加密区长度及箍筋根数计算。

非框架梁构造包括上部钢筋连接构造、下部钢筋连接构造、受扭非框架梁锚固构造。

悬挑梁构造包括纯悬挑梁、梁悬挑端钢筋构造。

任务 1 框架梁纵向钢筋构造

1. 框架梁(KL)上部纵筋的构造

框架梁上部纵筋包括上部通长筋、支座上部纵向钢筋(习惯上称为支座负弯矩钢筋)和架立钢筋。

1) 上部通长筋的构造

在这一小节中,我们将讨论几个有关框架梁上部通长筋的问题。

第一个问题:上部通长筋是抗震的构造要求。根据抗震规范的要求,抗震框架梁应该有两根上部通长筋。

第二个问题:16G101-1 图集第 4.2.3 条指出,通长筋可为相同或不同直径采用搭接连接、机械连接或焊接的钢筋。

(1) 从上部通长筋的概念出发,上部通长筋的直径可以小于支座负弯矩钢筋,如图 2-1 所示。这时,处于跨中的上部通长筋就在支座负弯矩钢筋的分界处($l_n/3$ 处),与支座负弯矩钢筋进行连接(根据这一条规则,可以计算出上部通长筋的长度)。

"Let me try!"

测试 1. 某办公楼采用框架结构,混凝土强度等级为 C30,框架抗震等级为三级,三层楼面的 KL1(2)的平法施工图如图 2-2 所示,①轴~②轴上部通长筋的下料长度是( )mm,②轴~③轴上部通长筋的下料长度是( )mm。

(2) 上部通长筋与支座负弯矩钢筋直径相等时,上部通长筋可在跨中 $l_n/3$ 范围内进行连接。一般结构设计师为了操作方便,往往设计两根直径与支座负弯矩钢筋直径相等的上部通长筋,例如支座负弯矩钢筋是⌀25 的,则把上部通长筋也设计为⌀25 的。此时,如果钢筋足够长,则无须接头,但钢筋的定尺长度有限(例如钢筋在

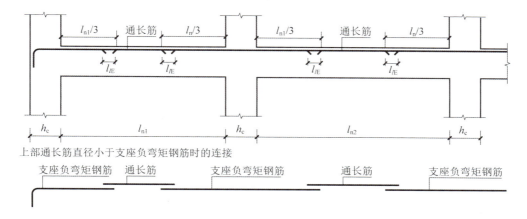

图 2-1 上部通长筋直径小于支座负弯矩钢筋时的连接

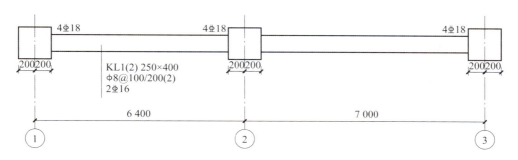

图 2-2 三层楼面的 KL1(2)的平法施工图

出厂时的定尺长度是 9 m),通长筋连接的时候,可以在跨中 1/3 跨度的范围内进行一次性连接,即只有一个连接点,而不是在一跨的两端 $l_n/3$ 处有两个连接点,如图 2-3 所示。

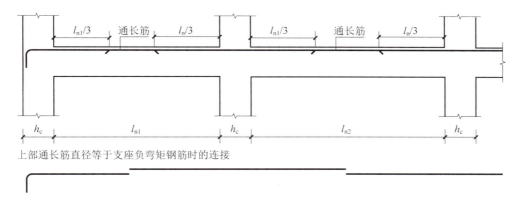

图 2-3 上部通长筋直径等于支座负弯矩钢筋时的连接

2) 框架梁支座负弯矩钢筋的延伸长度

框架梁支座负弯矩钢筋的延伸长度见 16G101-1 图集第 84 页。

对于框架梁(KL)支座负弯矩钢筋的延伸长度来说,端支座和中间支座是不同的。下面,我们分别从端支座和中间支座来讨论框架梁支座负弯矩钢筋的延伸长度的问题(见图 2-1)。

(1) 框架梁端支座的支座负弯矩钢筋的延伸长度。

第一排支座负弯矩钢筋从柱边开始延伸至 $l_{n1}/3$ 位置,第二排支座负弯矩钢筋从柱边开始延伸至 $l_{n1}/4$ 位置。(l_{n1} 是边跨的净跨长度)

(2) 框架梁中间支座的支座负弯矩钢筋的延伸长度。

第一排支座负弯矩钢筋从柱边开始延伸至 $l_n/3$ 位置,第二排支座负弯矩钢筋从柱边开始延伸至 $l_n/4$ 位置。(l_n 是支座两边的净跨长度 l_{n1} 和 l_{n2} 中的较大值)

注意:从上面的介绍可以看出,第一排支座负弯矩钢筋的延伸长度从字面来说,似乎都是三分之一净跨,但要注意,端支座和中间支座是不一样的,一不小心就会出错;对于端支座来说,延伸长度是按本跨(边跨)的净跨长度来进行计算的,而中间支座是按相邻两跨的净跨的较大值来进行计算的。

"Let me try!"

测试 2. 某教学楼采用框架结构,混凝土强度等级为 C35,框架抗震等级为二级,四层楼面的 KL9(2) 的平法施工图如图 2-4 所示,按照图集要求绘制梁的纵向剖面图。支座负弯矩钢筋的延伸长度分别为 $a=(\quad)$ mm, $b=(\quad)$ mm, $c=(\quad)$ mm, $d=(\quad)$ mm, $e=(\quad)$ mm, $f=(\quad)$ mm, $g=(\quad)$ mm, $h=(\quad)$ mm。

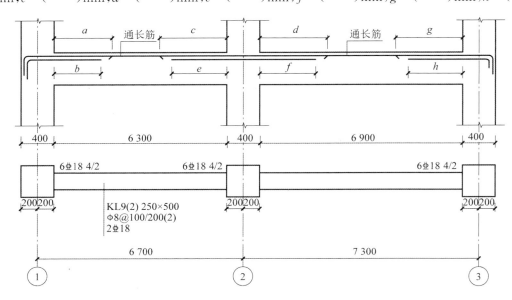

图 2-4 四层楼面的 KL9(2) 的平法施工图

3) 框架梁架立钢筋的构造

架立钢筋是梁的一种纵向钢筋。当梁顶面箍筋转角处没有纵向受力钢筋时,应设置架立钢筋。架立钢筋的作用是形成钢筋骨架和承受温度收缩应力。

框架梁不一定都有架立钢筋,例如 16G101-1 图集第 37 页的 KL1。KL1 设置的箍筋是两肢箍,两根上部通长筋已经充当了两肢箍的架立筋,所以在 KL1 的上部纵向钢筋标注中就不需要注写架立筋了。

(1) 梁在什么情况下需要设置架立筋?架立筋的根数如何确定?

如果梁的箍筋是两肢箍,则两根上部通长筋已经充当架立筋,因此就不需要再另加架立筋了。所以对于两肢箍的梁来说,上部纵向钢筋集中标注为"2Φ25"这种形式就够了。

但是,当梁的箍筋是四肢箍时,集中标注的上部钢筋就不能标注为"2Φ25"这种形式,必须把架立筋也标注上,这时的上部纵向钢筋应该标注为"2Φ25+(2Φ12)"这种形式,圆括号里面表示的钢筋为架立筋。

架立筋的根数=箍筋的肢数-上部通长筋的根数。

(2) 架立钢筋与支座负弯矩钢筋的搭接长度是多少?架立筋的长度如何计算?

16G101-1 图集第 84 页图的上方的钢筋大样图明确指出,当梁的上部既有通长筋又有架立钢筋时,其中架立钢筋与支座负弯矩钢筋的搭接长度是 150 mm,如图 2-5 至图 2-7 所示。

架立钢筋的长度是逐跨计算的,每跨梁的架立钢筋的长度的计算公式为

架立钢筋的长度=梁的净跨长度-两端支座负弯矩钢筋的延伸长度+150×2

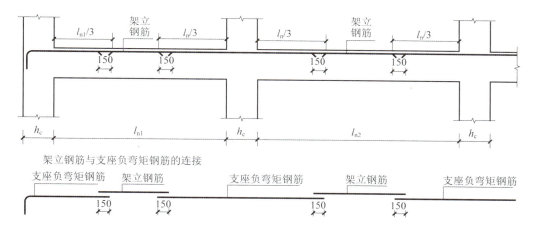

图 2-5 架立钢筋与支座负弯矩钢筋的连接

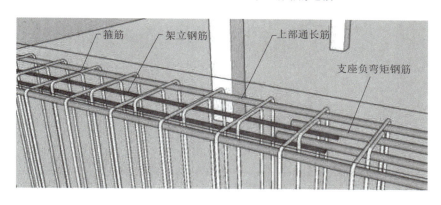

图 2-6 架立钢筋的立体图

图 2-7 架立钢筋现场照片

"Let me try!"

测试 3. 重庆市某商场采用框架结构,混凝土强度等级为 C35,框架抗震等级为二级,四层楼面的 KL9(2) 平法施工图如图 2-8 所示,①轴～②轴架立钢筋的下料长度是(　　)mm,②轴～③轴架立钢筋的下料长度是(　　)mm。

2. 框架梁下部纵筋的构造

这里的下部纵筋包括两个概念:在集中标注中定义的下部通长筋和逐跨原位标注的下部纵筋。这里讲述

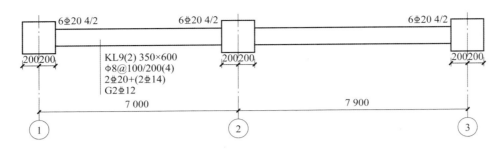

图 2-8 四层楼面的 KL9(2) 的平法施工图

的内容,对于屋面框架梁来说也完全适用。

在这里,我们讲述关于框架梁下部纵筋的几个问题。

(1) 框架梁下部纵筋的配筋方式基本上是按跨布置,即在中间支座和端支座锚固,如图 2-9 所示。

集中标注的下部通长筋,也基本上是按跨布置的。在满足钢筋定尺长度的前提下,可以把相邻两跨的下部纵筋做贯通筋处理。

原位标注的下部纵筋,首先考虑按跨布置,当相邻两跨的下部纵筋直径相同时,在不超过钢筋定尺长度的情况下,可以把它们做贯通处理。

(2) 框架梁下部纵筋连接点宜位于支座 $l_{n1}/3$ 范围内。(16G101-1 图集第 84 页注 3)

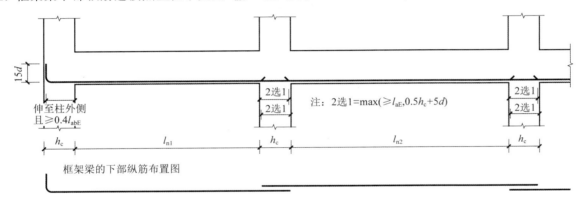

图 2-9 框架梁的下部纵筋布置图

"Let me try!"

测试 4. 重庆市某商场采用框架结构,混凝土强度等级为 C35,框架抗震等级为三级,一层楼面的 KL1(8) 的局部平法施工图如图 2-10 所示,左侧 "4⌀20" 伸入中柱的锚固长度是(　　)mm,右侧 "4⌀16" 伸入中柱的锚固长度是(　　)mm。

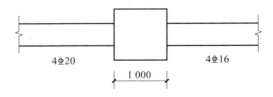

图 2-10 一层楼面的 KL1(8) 的局部平法施工图

在很多情况下,根据受力情况,本着节约的目的,梁的下部钢筋(一般是二排筋),没有伸入支座(框架柱或者框架梁),而是在距离支座一定长度的位置截断,如图 2-11 所示。例如,平法施工图中的 6⌀20 2(-2)/4,代表梁的下部钢筋分为两排,一排筋(最下部)有 4 根⌀20 的钢筋,全部伸入支座,二排筋有 2 根⌀20 的钢筋,没有伸入支座。

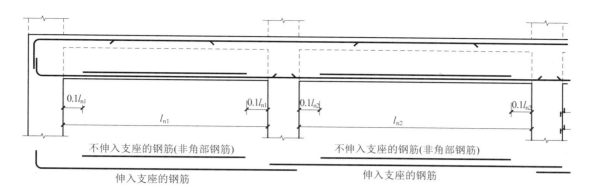

图 2-11 不伸入支座的梁下部钢筋构造

"Let me try!"

测试 5. 框架梁的平法施工图如图 2-12 所示，①轴～②轴不伸入支座的钢筋的下料长度是（　　）mm，②轴～③轴不伸入支座的钢筋的下料长度是（　　）mm。

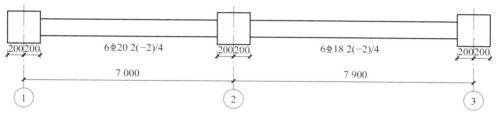

图 2-12 框架梁的平法施工图（测试 5）

3. 框架梁端支座的节点构造

这里讲述的框架梁端支座的节点构造仅适用于楼层框架梁的端支座。

在 16G101-1 图集第 84 页的图中，给出了框架梁钢筋在端支座的两种锚固方式，如图 2-13 和图 2-14 所示。当框架柱宽度不满足梁钢筋的直锚要求时，做 $15d$ 的弯锚；当框架柱宽度满足梁钢筋直锚要求时，无须做弯锚。

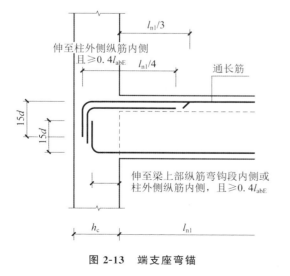   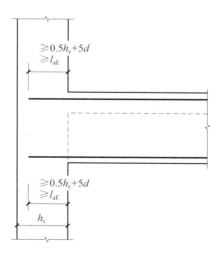

图 2-13 端支座弯锚　　　　　图 2-14 端支座直锚

在实际工程中，有一个问题经常出错，在这里提醒大家注意。结构施工图中注明，框架梁的混凝土强度等级是 C30，框架柱的混凝土强度等级是 C40，那么在计算框架梁纵筋锚固长度 l_{aE} 或者 l_{abE} 时，是采用 C30 来计算,还是采用 C40 来计算呢?

应当注意到,框架柱是框架梁的支座,框架梁纵筋是锚固在框架柱中的,是框架柱的混凝土包裹住梁的纵筋,所以,这个问题的答案是在计算框架梁纵筋的锚固长度时,应当采用框架柱的混凝土强度等级来进行计算。

 "Let me try!"

测试 6. 上海市某办公楼采用框架结构,框架梁混凝土强度等级为 C30,框架柱混凝土强度等级为 C40,框架抗震等级为二级,二层楼面的 KL5(3) 的局部平法施工图如图 2-15 所示。框架梁上部钢筋和下部钢筋在端支座里面各是怎么锚固的?画出示意图。

在实际工程中,经常会涉及柱子变截面的问题,框架梁纵筋的锚固长度应该从哪个位置开始计算呢? 16G101-1 图集第 84 页做了规定,当上柱截面尺寸小于下柱截面尺寸时,梁上部钢筋的锚固长度起算位置应为上柱内边缘,梁下部钢筋的锚固长度起算位置为下柱内边缘,如图 2-16 所示。

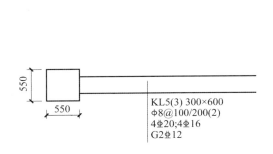

图 2-15 二层楼面的 KL5(3) 的局部平法施工图

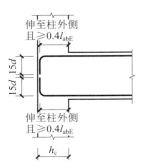

图 2-16 变截面柱的锚固

4. 框架梁侧面纵筋的构造

梁的侧面纵筋俗称腰筋,包括梁的侧面构造钢筋和侧面抗扭钢筋,如图 2-17 所示。这里讲述的内容对于屋面框架梁也是完全适用的。

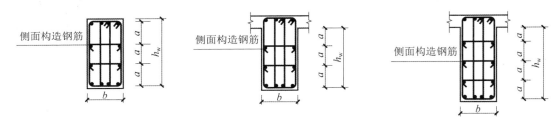

图 2-17 梁的侧面纵筋

当梁的腹板高度 $h_w \geq 450$ mm 时,在梁的两个侧面应沿高度配置纵向钢筋,其间距不宜大于 200 mm。纵向钢筋在梁的腹板高度上均匀布置。

梁侧面构造钢筋(G 开头)的搭接和锚固长度可为 $15d$。

梁侧面抗扭钢筋(N 开头)的搭接长度为 l_{lE} 或者 l_l,锚固长度为 l_{aE} 或者 l_a。锚固方式同框架梁下部纵筋。

 "Let me try!"

测试 7. 上海市某办公楼采用框架结构,框架梁混凝土强度等级为 C30,框架柱混凝土强度等级为 C40,框架抗震等级为二级。某框架梁的局部平法施工图如图 2-18 所示,腰筋在中柱里面的锚固长度 $a = ($　　$)$ mm, $b = ($　　$)$ mm。

测试 8. 某框架梁截面尺寸是 250×500,楼板厚度为 100 mm,按照构造要求,该框架梁是否设置腰筋?(是

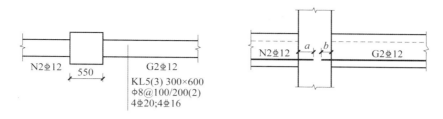

图 2-18 某框架梁的局部平法施工图

或者否)

测试 9.某框架梁截面尺寸是 250×600,楼板厚度为 100 mm,按照构造要求,该框架梁是否设置腰筋?(是或者否)

5. 框架梁中间支座纵筋构造

1) 梁面不平

框架梁经常会涉及降标高的问题,这时梁纵向钢筋的构造主要有两种情况。假设梁面标高下降 Δh,柱宽为 h_c,当 $\Delta h \leqslant (h_c - 50)/6$ 时,框架梁纵筋允许直接弯折,如图 2-19 所示。当 $\Delta h > (h_c - 50)/6$ 时,钢筋构造如图 2-20 所示。

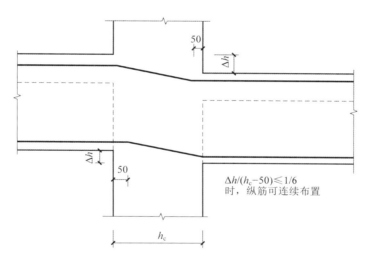

图 2-19 框架梁纵筋直接弯折

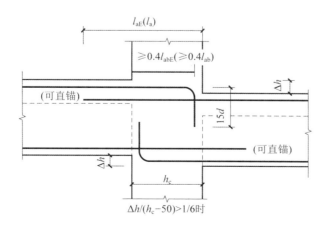

图 2-20 钢筋构造

"Let me try!"

测试 10. 某写字楼采用框架结构，混凝土强度等级是 C35，抗震等级是二级。框架梁的平法施工图如图 2-21 所示，试画出中间支座的位置和梁上部钢筋和下部钢筋的构造。

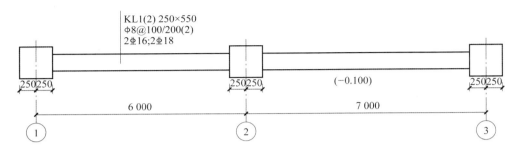

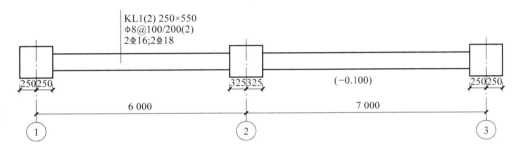

图 2-21 框架梁的平法施工图（测试 10）

测试 11. 写字楼屋面框架梁平法施工图如图 2-22 所示，试画出中间支座的位置和梁上部钢筋的构造。

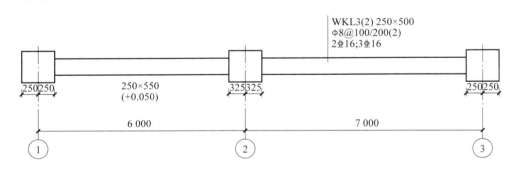

图 2-22 写字楼屋面框架梁平法施工图

2）梁宽不同

对于楼层框架梁和屋面框架梁，支座两边梁宽不同，或者支座两边纵筋根数不同时，纵向钢筋的锚固构造不同，如图 2-23 和图 2-24 所示。

 "Let me try!"

测试 12. 某写字楼采用框架结构，混凝土强度等级是 C40，抗震等级是三级。框架梁的平法施工图如图 2-25 所示，试画出中间支座的位置，以及梁上部钢筋和下部钢筋的构造。

测试 13. 如果将测试 12 的平法施工图的 KL 改为 WKL，试画出中间支座的位置，以及梁上部钢筋和下部钢筋的构造。

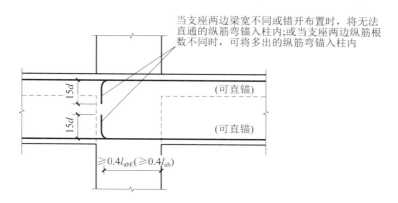

图 2-23 KL 中间支座纵向钢筋的锚固构造

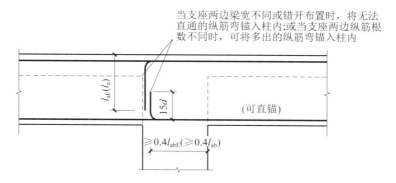

图 2-24 WKL 中间支座纵向钢筋的锚固构造

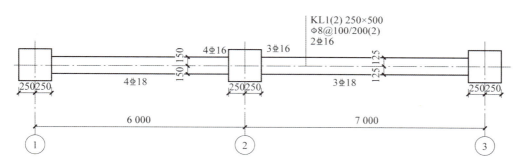

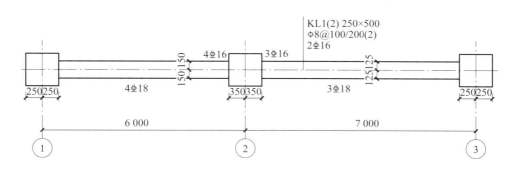

图 2-25 框架梁的平法施工图(测试 12)

任务 2　框架梁箍筋构造

16G101-1 图集第 88 页把各抗震等级的框架梁箍筋构造合并为一个图来表示,如图 2-26 所示。

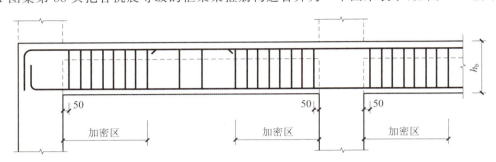

图 2-26　框架梁(KL、WKL)箍筋加密区范围(一)

(1) 框架柱附近设置箍筋加密区,加密区长度:抗震等级为一级时,$\geqslant 2.0h_\mathrm{b}$ 且 $\geqslant 500$ mm;抗震等级为二至四级时,$\geqslant 1.5h_\mathrm{b}$ 且 $\geqslant 500$ mm。

(2) 箍筋从距离框架柱边缘 50 mm 处开始设置。

(3) 当箍筋为多肢复合箍时,应采用大箍套小箍的形式。

框架梁箍筋照片如图 2-27 所示。

图 2-27　框架梁箍筋照片

从照片可以很明显地看出,中柱范围没有做梁的箍筋,梁的箍筋是四肢箍,采用的是大箍套小箍的形式。

在实际工程中,经常会出现一端与框架柱相连,一端与主梁相连的框架梁,与框架柱相连的一端设置箍筋加密区,与主梁相连的一端不做箍筋加密区,如图 2-28 所示。

讨论　在计算间隔个数的过程中,为什么对范围除以间距的商取整时,当除不尽(有小数)时,把商加 1?

【答】　设计师所给定的设计箍筋间距是最大箍筋间距。也就是说,在一根梁中,任何地方的箍筋间距只能比设计箍筋间距小,不能比设计箍筋间距大。如果我们在对范围除以间距的商取整时,把小数点后面的数字舍去,将因为箍筋根数减少 1 根,而导致箍筋的实际间距大于设计箍筋间距,这是不允许的。

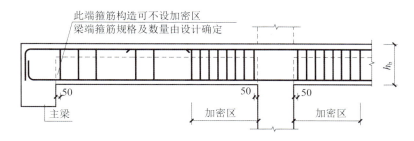

图 2-28 框架梁（KL、WKL）箍筋加密区范围（二）

 在计算箍筋根数时，在划定范围对范围除以间距的商数取整后，为什么还要加 1？

【答】 这是算数中的"植树问题"。例题：20 米长的一条线上，每隔 5 米种一棵树，求一共种几棵树？计算公式为植树棵数＝范围/间距＋1＝（20/5＋1）棵＝（4＋1）棵＝5 棵。

上述公式中，"范围/间距"就是间隔个数，间隔个数加 1 才是实际的植树棵数。

"Let me try!"

测试 14. 某框架结构，抗震等级是二级，框架梁平法施工图如图 2-29 所示，计算箍筋的根数。

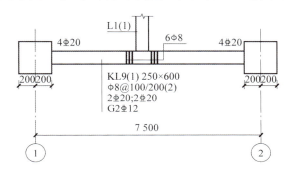

图 2-29 框架梁平法施工图（测试 14）

测试 15. 某框架结构，抗震等级是一级，框架梁平法施工图如图 2-30 所示，KL1(1) 在①轴附近箍筋加密区的长度是（　　）mm，在②轴附近箍筋加密区的长度是（　　）mm。

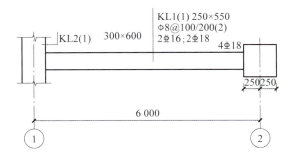

图 2-30 框架梁平法施工图（测试 15）

任务 3　非框架梁构造

非框架梁构造见 16G101-1 图集第 89 页，如图 2-31 所示。

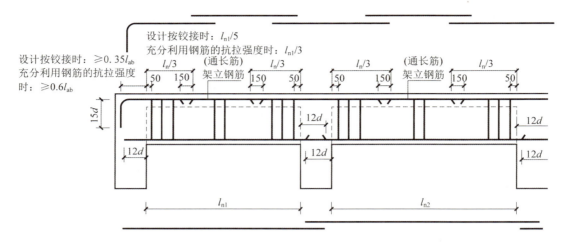

图 2-31 非框架梁构造

1. 非框架梁上部纵筋的延伸长度

1) 非框架梁端支座上部纵筋的延伸长度

16G101-1 图集第 89 页有非框架梁端支座上部纵筋的延伸长度的标注规定：

（1）设计按铰接时，$l_{n1}/5$；

（2）充分利用钢筋的抗拉强度时，$l_{n1}/3$。

16G101-1 图集规定：当非框架梁标注为"L"时，表示端支座为铰接，例如"L2(3)"执行图集第 89 页"设计按铰接"的选项；当非框架梁标注为"Lg"时，表示端支座上部纵筋充分利用钢筋的抗拉强度，例如"Lg7(5)"执行图集第 89 页"充分利用钢筋的抗拉强度"选项。

2) 非框架梁中间支座上部纵筋的延伸长度

非框架梁中间支座上部纵筋的延伸长度取 $l_n/3$（l_n 为相邻左、右两跨中较大的净跨值）。

问 非框架梁中间支座上部纵筋的二排筋如何处理？16G101-1 图集第 89 页中间支座上部纵筋的伸出长度，只在第一排钢筋上面标注尺寸"$l_n/3$"，在实际工程中出现二排筋，伸出长度如何处理？是否按照框架梁的"$l_n/4$"处理？

【答】 答案是肯定的。根据 16G101-1 图集第 35 页第 4 节"梁支座上部纵筋长度规定"第 4.4.1 条，为方便施工，凡框架梁的所有支座和非框架梁（不包括井字梁）的中间支座上部纵筋的伸出长度 a_0 值在标准构造详图中统一取值：第一排非通长筋及与跨中直径不同的通长筋从柱（梁）边起伸出至 $l_n/3$ 位置；第二排非通长筋伸出至 $l_n/4$ 位置。

2. 非框架梁纵筋的锚固

1) 非框架梁上部纵筋在端支座的锚固

16G101-1 图集第 89 页指出，非框架梁端支座上部纵筋伸至支座对边后弯折，弯折段的长度为 $15d$，而直锚段按以下要求标注。

（1）设计按铰接时，$\geq 0.35 l_{ab}$；

（2）充分利用钢筋的抗拉强度时，$\geq 0.6 l_{ab}$；

（3）伸入端支座直锚长度满足 l_a 时，可直锚。

2) 非框架梁下部纵筋在端支座的锚固

图 2-19 所示尺寸为直锚 $12d$（带肋钢筋），弯锚 $15d$（光圆钢筋）。

3) 非框架梁下部纵筋在中间支座的锚固

图 2-19 所示尺寸为直锚 $12d$（带肋钢筋），弯锚 $15d$（光圆钢筋）。

16G101-1 图集第 89 页给出了当下部纵筋伸入支座长度不满足 $12d(15d)$ 要求时，端支座非框架梁下部纵筋弯锚构造如图 2-32 所示。下部纵筋伸至对边后弯折，弯折角度为 $135°$，弯钩平直段的长度为 $5d$；同时保证水平直锚段的长度为"带肋钢筋$\geqslant 7.5d$，光圆钢筋$\geqslant 9d$"。

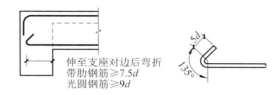

图 2-32 端支座非框架梁下部纵筋弯锚构造

4) 非框架梁侧面纵筋的锚固

16G101-1 图集第 89 页的注 6 指出："梁侧面构造纵筋要求见本图集第 90 页。"而图集第 90 页指出，梁侧面构造钢筋（G 开头）的搭接与锚固长度取 $15d$，梁侧面受扭纵筋（N 开头）的搭接长度是 l_{lE} 或者 l_l，锚固长度为 l_{aE} 或者 l_a，锚固方式同框架梁下部纵筋。（这句话中的 l_{lE} 和 l_{aE} 适用于框架梁，l_l 和 l_a 适用于非框架梁。）

16G101-1 图集第 36 页的 4.6.3 条指出："当非框架梁配有受扭纵向钢筋时，梁纵筋锚入支座的长度为 l_a，在端支座直锚长度不足时可伸至梁支座对边后弯折，且平直段长度$\geqslant 0.6l_{ab}$，弯折段投影长度为 $15d$。"

注意：这里说的"梁纵筋"应该包含非框架梁的上部纵筋、下部纵筋和侧面受扭纵筋。因为当非框架梁设置了侧面受扭纵筋后，这个非框架梁是承受扭矩的，因而影响非框架梁的上部纵筋、下部纵筋的锚固构造和连接构造。

16G101-1 图集第 89 页新增了受扭非框架梁纵筋构造，与 4.6.3 条的文字说明是一致的，如图 2-33 所示。

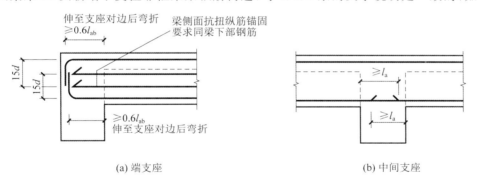

(a) 端支座　　　　　　　　(b) 中间支座

图 2-33 受扭非框架梁纵筋构造

"Let me try!"

测试 16. 某办公楼采用框架结构，抗震等级为三级，混凝土强度等级为 C30。非框架梁 L9(2) 的平法施工图如图 2-34 所示，根据平法施工图绘制纵向剖面图，依次计算钢筋的截断长度或者锚固长度。

测试 17. 如果测试 16 的非框架梁的集中标注修改为"Lg9(2)　250×600"，依次计算钢筋的截断长度或者锚固长度。

测试 18. 某办公楼采用框架结构，抗震等级为二级，混凝土强度等级为 C30。非框架梁 L10(2) 的平法施工图如图 2-35 所示，根据平法施工图绘制纵向剖面图，依次计算钢筋的截断长度或者锚固长度。

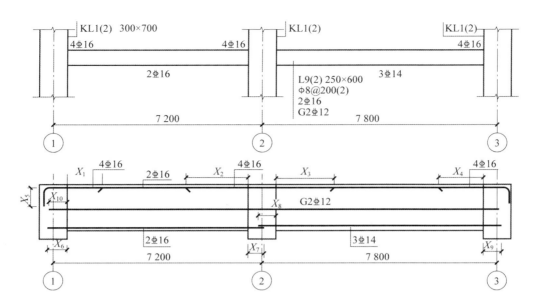

图 2-34 非框架梁 L9(2)的平法施工图

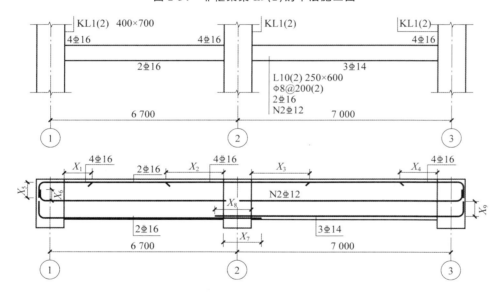

图 2-35 非框架梁 L10(2)的平法施工图

任务 4　悬挑梁构造

"纯悬挑梁 XL 及各类梁的悬挑端配筋构造"对悬挑梁的配筋构造有哪些规定？悬挑梁上部纵筋和下部纵筋各有什么特点？本节将讨论这方面的内容。

纯悬挑梁 XL 配筋构造如图 2-36 所示，各类梁的悬挑端配筋构造如图 2-37 所示。

1. 悬挑梁上部纵筋的配筋构造

纯悬挑梁 XL 及各类梁的悬挑端的主筋是上部纵筋。

(1) 第一排上部纵筋至少 2 根角筋，并且不少于第一排纵筋的二分之一的上部纵筋一直伸到悬挑梁端部，再拐直角弯折伸至梁底，其余纵筋弯下（钢筋在端部附近下弯 45°的斜坡），如图 2-38 所示。

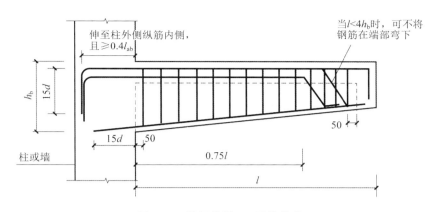

图 2-36 纯悬挑梁 XL 配筋构造

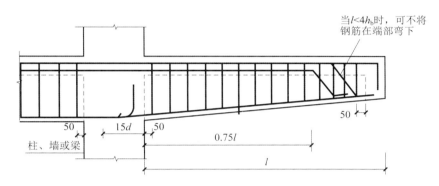

图 2-37 各类梁的悬挑端配筋构造

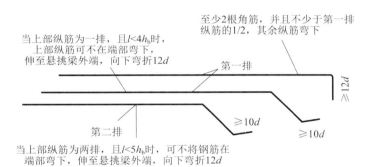

图 2-38 悬挑梁上部钢筋构造

例如第一排上部纵筋有 4 根,则第 1、4 根一直伸到悬挑梁端部,第 2、3 根在端部附近下弯 45°的斜坡;第一排上部纵筋有 5 根,则第 1、3、5 根一直伸到悬挑梁端部,第 2、4 根在端部附近下弯 45°的斜坡。

但是,当上部纵筋仅有一排,且悬挑部分的长度 $l<4h_b$(悬挑梁的根部高度)时,上部纵筋可不在端部弯下(下弯 45°的斜坡),而是一直伸到悬挑梁端部,再弯锚 $12d$。

悬挑梁上部纵筋构造图有两种,如图 2-39 和图 2-40 所示。

(2)第二排上部纵筋在悬挑端长度的 0.75 处下弯 45°的斜坡到梁底部,再伸出 $\geqslant 10d$ 的平直段。

16G101-1 图集第 92 页"纯悬挑梁 XL 及各类梁的悬挑端配筋构造"在悬挑端配筋大样图上对第二排上部纵筋增加了一条引注,即当上部纵筋为两排,且 $l<5h_b$ 时,可不将钢筋在端部弯下,伸至悬挑梁外端,向下弯折 $12d$。

悬挑梁上部二排筋构造对比如图 2-41 所示。

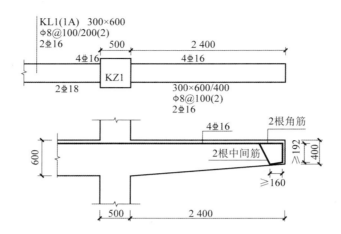

图 2-39 悬挑梁上部纵筋构造图(一)

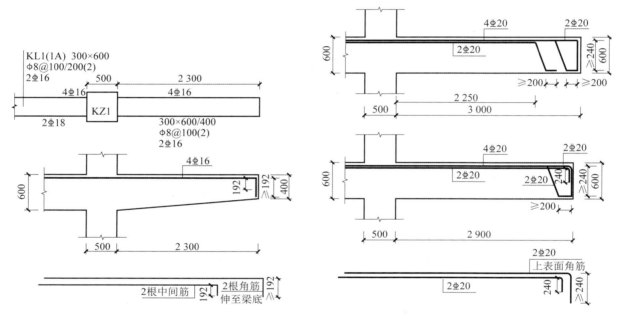

图 2-40 悬挑梁上部纵筋构造图(二)　　图 2-41 悬挑梁上部二排筋构造对比

（3）纯悬挑梁 XL 上部纵筋在支座处锚固时，图集上的标注是"伸至柱外侧纵筋内侧，且 $\geq 0.4l_{ab}$"。

16G101-1 图集第 92 页注 1 指出："当悬挑梁考虑竖向地震作用时（由设计明确），图中悬挑梁中钢筋锚固长度 l_a、l_{ab} 应改为 l_{aE}、l_{abE}。"

2. 悬挑梁下部纵筋的配筋构造

（1）纯悬挑梁和各类梁的悬挑端的下部纵筋在支座处锚固时，其锚固长度为 $15d$。

（2）框架梁第一跨的下部纵筋是否一直伸到悬挑梁？回答是不应伸到悬挑梁。因为这两种钢筋的作用截然不同：框架梁第一跨的下部纵筋是受拉钢筋，一般配筋较大；而悬挑梁的下部纵筋是受压钢筋，只需要较小的配筋就可以了。所以，框架梁第一跨的下部纵筋的做法是伸到边柱弯锚（满足直锚要求情况下可直锚），而悬挑梁的下部纵筋伸到边柱 $15d$ 即可。

16G101-1 图集第 92 页在悬挑梁配筋大样图上对下部纵筋增加了一条引注："当悬挑梁根部与框架梁梁底齐平时，底部相同直径的纵筋可拉通设置"。其前提是悬挑梁与框架梁下部纵筋配筋相同，倘若配筋不同，也就不存在贯通的可能了。

说明：这里，讨论一个问题：悬挑梁上部纵筋伸至端部后的弯钩长度是 12d 吗？

回答：图中，除在上部纵筋大样图弯钩旁边标注了尺寸数据"≥12d"以外，在悬挑梁剖面图中，上部纵筋的弯钩一直通到梁底，所以正确的理解是上部纵筋的弯钩一直通到梁底，同时≥12d。

关于框架梁悬挑端上部纵筋是否与第一跨的上部纵筋贯通的问题如下。

问 框架梁悬挑端的上部纵筋与第一跨的上部纵筋贯通吗？

例如带悬臂的框架梁悬挑端的上部纵筋标注为 4⽟22，而第一跨的端支座上部原位标注为 4⽟22/2⽟20，请问：

① 4⽟22 的长度如何计算？

② 2⽟20 的长度如何计算？

③ 如果悬挑端的上部纵筋也是 4⽟22/2⽟20，则上部第二排 2⽟20 的长度又如何计算？

【答】 这三个问题解答如下。

① 上部第一排纵筋 4⽟22 从第一跨贯通到悬挑端上。假设该上部纵筋不需要下弯 45°，一直伸到悬挑梁的尽端，再拐直角弯锚伸至梁底。非通长筋的长度计算公式为

第一跨的净跨/3＋柱宽度＋悬挑端长度－保护层厚度＋梁端部高度－2×保护层厚度－2.29d（d 为钢筋直径）

② 第一跨上部第二排纵筋 2⽟20 伸到边框柱外侧纵筋的内侧，再弯锚 15d。其长度计算公式为

第一跨的净跨/4＋柱宽度－保护层厚度＋15d－2.29d（d 为钢筋直径）

如果边柱的宽度能满足钢筋直锚要求，就不用弯锚，直锚长度为 $\max(l_{aE}, 0.5h_c+5d)$，h_c 为边柱宽度，第二排钢筋的长度计算公式为

第一跨的净跨/4＋$\max(l_{aE}, 0.5h_c+5d)$

③ 框架梁第二排上部纵筋 2⽟20 伸至悬挑端作为悬挑端的二排筋，按照 16G101-1 图集第 92 页的构造要求，有两种做法。

a. 当 $l < 5h_b$ 时，悬挑端的第二排上部纵筋不在端部弯下，而是伸至悬挑梁外端向下弯折 12d，此时的计算公式为

第一跨的净跨/4＋柱宽度＋悬挑端长度－保护层厚度－22－25＋12d－2.29d

式中，"22"为第一排上部钢筋的直径，"25"为一排钢筋与二排钢筋的净距。

b. 当 $l \geq 5h_b$ 时，悬挑端的第二排上部纵筋伸至悬挑端长度的 0.75 处，以 45°弯下之后，再向前延伸 10d，此时的计算公式为

第一跨的净跨/4＋柱宽度＋0.75×悬挑端长度＋45°斜坡长度＋10d

45°斜坡长度＝（中间截面高度－60－22－25）×1.414

中间截面高度＝h_2＋0.25×(h_1－h_2)

式中，l 为悬挑端长度，h_1 为悬挑端根部高度，h_2 为悬挑端端部高度，"60"为上、下保护层厚度。

"Let me try!"

测试 19. 某商场采用框架结构，如图 2-42 所示，抗震等级是三级，混凝土强度等级是 C30，悬挑端上表面的钢筋中，非角部钢筋的下料长度是（　　）mm，②轴支座负弯矩钢筋中 2⽟14 的下料长度是（　　）mm。如果将②轴支座负弯矩钢筋中的 2⽟14 修改为 2⽟12，修改后的 2⽟12 的下料长度是（　　）mm。

测试 20. 某教学楼采用框架结构，如图 2-43 所示，抗震等级是三级，混凝土强度等级是 C30，悬挑端上表面第一排的钢筋中，非角部钢筋的下料长度是（　　）mm，二排筋 2⽟14 的下料长度是（　　）mm。如果将②轴到悬挑端端部的距离 2750 修改为 3250，二排筋 2⽟14 的下料长度是（　　）mm。

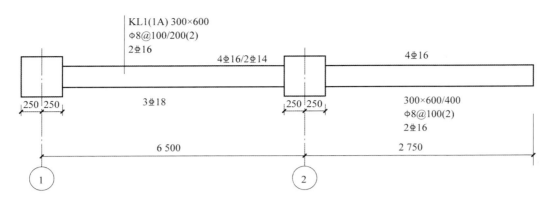

图 2-42 测试 19 的平法施工图

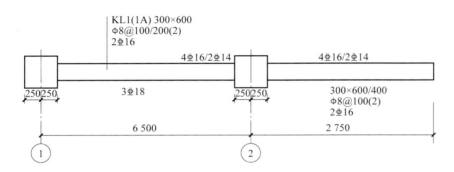

图 2-43 测试 20 的平法施工图

项目 3 剪力墙平法识图与钢筋算量

本章内容提要

本章主要介绍剪力墙平法施工图的列表注写方式、剪力墙墙身的基本构造、编制钢筋配料单。

剪力墙平法施工图的列表注写方式主要介绍剪力墙墙身表、剪力墙柱表、剪力墙梁表的表示方法。

剪力墙墙身的基本构造包括墙身水平分布钢筋构造、墙身竖向分布钢筋构造、边缘构件纵向钢筋构造、暗梁钢筋构造、连梁钢筋构造、洞口的表示方法、地下室外墙的表示方法。

编制钢筋配料单主要是与实际工程结合,培养运用理论知识解决实际问题的能力。

任务 1 剪力墙平法施工图的列表注写方式

剪力墙平法施工图指在剪力墙平面布置图上,采用列表注写方式或截面注写方式表达信息的图。因为在实际结构图中,大多采用前一种方法,所以本节主要介绍列表注写方式。

剪力墙由剪力墙柱(约束边缘构件、构造边缘构件)、剪力墙墙身和剪力墙梁(连梁、暗梁、边框梁)三种构件组成。

如图 3-1 所示,阴影填充区域是剪力墙柱(约束边缘构件),没有填充区域是剪力墙墙身。

1) 剪力墙墙身表

剪力墙墙身表如表 3-1 所示。

表 3-1 剪力墙墙身表

名称	墙身厚度/mm	各段墙身起止标高/m	水平分布钢筋	垂直分布钢筋	拉结筋(梅花形布置)
Q-1(2 排)	350	地下室顶~5.070	⏀10@150	⏀10@150	⏀6@600×600
Q-2(2 排)	300	地下室顶~5.070	⏀10@200	⏀10@200	⏀6@600×600
Q-3(2 排)	250	地下室顶~5.070	⏀8@150	⏀10@200	⏀6@600×600

剪力墙墙身表主要包含的内容:墙身编号(名称)、墙身厚度、各段墙身起止标高、水平分布钢筋、垂直分布钢筋、拉结筋。

拉结筋用于剪力墙分布钢筋的拉结,宜同时钩住外侧水平分布钢筋和垂直分布钢筋,应注明"矩形布置"或者"梅花形布置",如图 3-2 所示。

2) 剪力墙柱表

剪力墙柱表(局部)如图 3-3 所示。

剪力墙柱表包含的工作内容主要有两个方面。

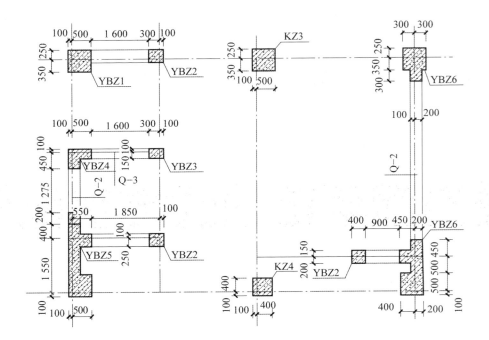

图 3-1 剪力墙平法施工图（局部）

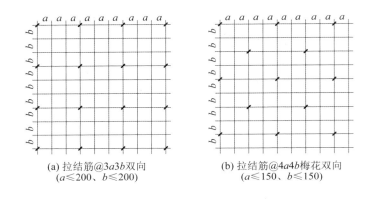

(a) 拉结筋@$3a3b$双向
（$a≤200$、$b≤200$）

(b) 拉结筋@$4a4b$梅花双向
（$a≤150$、$b≤150$）

图 3-2 剪力墙拉结筋设置方式

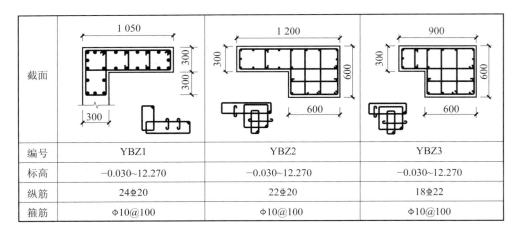

截面			
编号	YBZ1	YBZ2	YBZ3
标高	−0.030~12.270	−0.030~12.270	−0.030~12.270
纵筋	24Φ20	22Φ20	18Φ22
箍筋	Φ10@100	Φ10@100	Φ10@100

图 3-3 剪力墙柱表（局部）

（1）注写墙柱编号和绘制墙柱的截面配筋图。剪力墙墙柱编号如表 3-2 所示。

表 3-2 剪力墙墙柱编号

墙柱类型	代号	序号
约束边缘构件	YBZ	××
构造边缘构件	GBZ	××
非边缘暗柱	AZ	××
扶壁柱	FBZ	××

（2）注写各段墙柱的起止标高,自墙柱根部往上以变截面位置或截面未变但配筋改变处为界分段注写。墙柱根部标高系指基础顶面标高(如为框支剪力墙结构则为框支梁顶面标高)。

（3）注写各段墙柱的纵向钢筋,注写值应与在表中绘制的截面对应。纵向钢筋注写总配筋值;墙柱箍筋的注写方式与柱箍筋相同。

3) **剪力墙梁表**

剪力墙梁表(局部)如表 3-3 所示。

表 3-3 剪力墙梁表(局部)

编号	所在楼层号	墙梁顶面标高高差	墙梁截面尺寸 $b \times h$	上部纵筋	下部纵筋	箍筋
LL1	2～9	0.800	300×2000	4⏀22	4⏀22	⏀10@100(2)
	10～16	0.800	250×2000	4⏀20	4⏀20	⏀10@100(2)
	屋面1		250×1200	4⏀22	4⏀22	⏀10@100(2)
LL2	3	−1.200	300×2520	4⏀22	4⏀22	⏀10@150(2)
	4	−0.900	300×2070	4⏀22	4⏀22	⏀10@150(2)
	5～9	−0.900	300×1770	4⏀22	4⏀22	⏀10@150(2)
	10～屋面1	−0.900	250×1700	3⏀22	3⏀22	⏀10@150(2)

剪力墙梁表包含的工作内容主要有六个方面。

（1）注写墙梁编号。

（2）注写墙梁所在楼层号。

（3）注写墙梁顶面标高高差,即相对于墙梁所在结构层楼面标高的高差值,高于为正值,低于为负值,无高差时不注写。

（4）注写墙梁截面尺寸、上部纵筋、下部纵筋和箍筋的具体数值。

（5）墙梁侧面纵筋的配置:当墙身水平分布钢筋满足连梁、暗梁及边框梁的梁侧面构造钢筋的要求时,该钢筋配置同墙身水平分布钢筋,表中不注,施工按照标准构造详图的要求即可;当不满足时,应在表中注明梁侧面纵筋的具体数值。

（6）跨高比不小于 5 的连梁,按框架梁设计(代号为 LLK),注写方式同框架梁。

任务 2　剪力墙墙身的基本构造

剪力墙墙身的钢筋设置包括水平分布钢筋、垂直分布钢筋(竖向分布钢筋)和拉结筋。

一般剪力墙设置两层或两层以上的钢筋网,而各排钢筋网的直径和间距是一致的。剪力墙墙身采用拉结筋把外侧钢筋网和内侧钢筋网连接起来。

1. 剪力墙墙身水平分布钢筋构造

16G101-1 图集第 71 页和第 72 页的标题是"剪力墙水平分布钢筋构造",主要内容包括水平分布钢筋在墙身中的构造、在暗柱中的构造、在转角墙柱中的构造和在端柱中的构造。

1) 水平分布钢筋在墙身中的构造

剪力墙墙身的各排钢筋网设置水平分布钢筋和垂直分布钢筋。布置钢筋时,把水平分布钢筋放在外侧,垂直分布钢筋放在水平分布钢筋的内侧,因此,剪力墙的保护层是针对水平分布钢筋来说的。

拉结筋要钩住两个方向上的钢筋,即同时钩住水平分布钢筋和垂直分布钢筋。

剪力墙水平分布钢筋的搭接长度$\geqslant 1.2 l_{aE}$,沿高度方向每隔一根错开搭接,相邻两个搭接区之间错开的净距离$\geqslant 500$ mm,如图3-4所示。

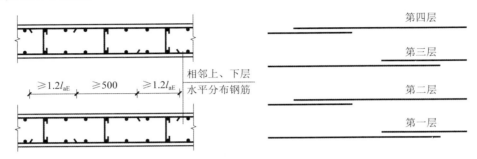

图3-4 剪力墙水平分布钢筋交错搭接

当剪力墙端部没有暗柱时,墙身两侧水平分布钢筋伸至端部钩住竖向分布钢筋,然后弯锚$10d$。墙端部每道水平分布钢筋均设置双列拉筋,如图3-5所示。

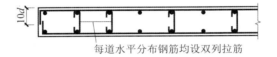

图3-5 端部无暗柱时剪力墙水平分布钢筋端部做法

2) 水平分布钢筋在暗柱中的构造

大部分情况下,剪力墙的端部有暗柱,此时,剪力墙的水平分布钢筋从暗柱侧面纵筋的外侧插入暗柱,往前伸至暗柱角筋的内侧,然后弯锚$10d$,如图3-6所示。

如何理解剪力墙的水平分布钢筋从暗柱侧面纵筋的外侧插入暗柱这个现象呢?因为剪力墙水平分布钢筋的位置在墙身的外侧,伸入暗柱之后也在外侧,这样,剪力墙水平分布钢筋在暗柱的侧面与暗柱箍筋平行,而且与暗柱箍筋处于同一垂直层面,即在暗柱箍筋之间插空通过暗柱。

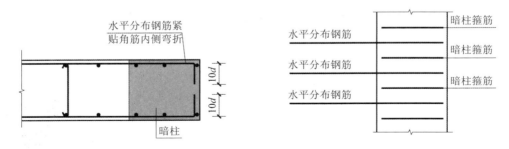

图3-6 端部有暗柱时剪力墙水平分布钢筋端部做法

3) 水平分布钢筋在转角墙柱中的构造

16G101-1图集第71页"剪力墙水平分布钢筋构造"给出了3种转角墙的做法。

(1) 剪力墙外侧水平分布钢筋连续通过转角,在转角的单侧进行搭接。剪力墙的外侧水平分布钢筋从暗柱纵筋的外侧通过暗柱,绕出暗柱的另一侧以后同另一侧的水平分布钢筋搭接$1.2 l_{aE}$,上、下相邻两排水平分布钢筋交错搭接,错开净距离$\geqslant 500$ mm,如图3-7所示。

对于剪力墙水平分布钢筋在转角墙柱中的连接,有两种情况需要注意。

第一种情况是转角墙柱两侧水平分布钢筋直径不同时,钢筋转到直径较小一侧搭接。

第二种情况是当转角墙的另外一侧不是墙身而是连梁的时候,墙身的外侧水平分布钢筋不能拐到连梁外侧进行搭接,而应该把连梁的外侧水平分布钢筋拐到转角墙柱,与墙身的水平分布筋进行搭接。这样做的原因是连梁的上方和下方都是门窗洞口,所以连梁这种构件比墙身薄弱,如果连梁的侧面纵筋发生截断和搭接的话,就会使本来薄弱的构件更加薄弱,这是不可取的。

剪力墙内侧水平分布钢筋伸至转角墙对边纵筋内侧后弯锚 $15d$。

当剪力墙为三排、四排配筋时,中间各排水平分布钢筋构造同剪力墙内侧钢筋。

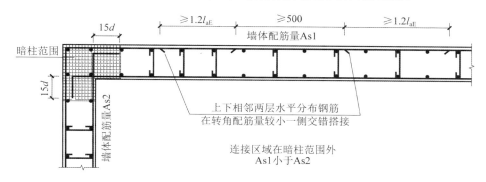

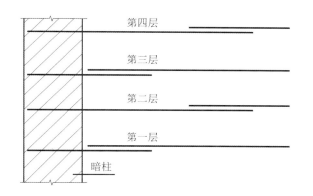

图 3-7 转角墙暗柱构造(一)

(2)当转角墙两侧配筋相同时,剪力墙外侧水平分布钢筋连续通过转角,轮流在转角两侧进行搭接,如图 3-8 所示。例如,图中某一层水平分布钢筋从某侧(X 向墙体)连续通过转角,伸至另一侧(Y 向墙体)进行搭接 $1.2l_{aE}$;上一层的水平分布钢筋则从 Y 向墙体连续通过转角,伸至 X 向墙体进行搭接;再上一层水平分布钢筋又从 X 向墙体连续通过转角,伸至 Y 向墙体进行搭接……

剪力墙内侧水平分布钢筋伸至转角墙对边纵筋内侧后弯锚 $15d$。

(3)剪力墙外侧水平分布钢筋在转角处搭接,如图 3-9 所示。剪力墙外侧水平分布钢筋不是连续通过转角,而是直接在转角处进行弯折搭接,每侧水平分布钢筋在转角另侧的弯折长度$\geqslant 0.8l_{aE}$。

剪力墙内侧水平分布钢筋伸至转角墙对边纵筋内侧后弯锚 $15d$。

以上内容介绍了 16G101-1 图集给出的 3 种转角墙构造,工程中具体采用哪一种,要看设计师在施工图中给出的明确指示。

4)水平分布钢筋在端柱中的构造

此时,剪力墙的水平分布钢筋分为两种情况,如图 3-10 所示。

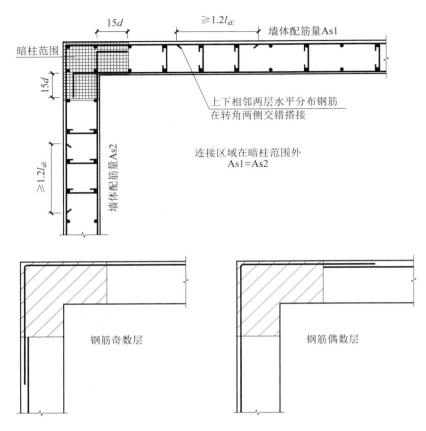

图 3-8 转角墙暗柱构造(二)

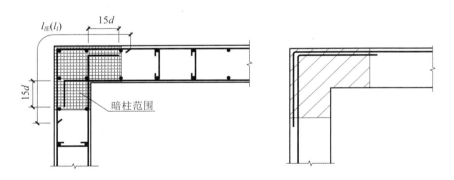

图 3-9 转角墙暗柱构造(三)

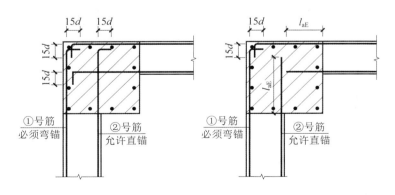

图 3-10 剪力墙水平分布钢筋在端柱中的构造

第一种情况是,类似于①号筋(红色粗线示意),伸入端柱纵筋的外侧,我们形象地称之为伸至端柱的"皮肤"里面,因为一侧的混凝土很少,只有保护层的厚度,混凝土对钢筋的握裹作用较弱,此时无论水平分布钢筋能否满足直锚要求,都需做弯锚。水平分布钢筋伸至端柱"皮肤"里面后,一直往前伸,紧贴端柱角筋的内侧弯折 $15d$。

第二种情况是,类似于②号筋(黑色粗线示意),伸入端柱纵筋的内侧,我们形象地称之为伸至端柱的"肚子"里面,因为四周有足够多的混凝土,混凝土对钢筋的握裹作用较强。如果钢筋能满足直锚要求,则不用做弯锚,伸入端柱 l_{aE} 即可;如果钢筋不满足直锚要求,则需要做弯锚,弯锚 $15d$。

"Let me try!"

测试1.成都市某住宅小区采用剪力墙结构,抗震等级为三级,使用 C30 混凝土,转角墙位置的配筋如图3-11所示,水平分布钢筋在暗柱以外连接,画图示意钢筋连接构造。

测试2.同上题的条件,转角墙位置的配筋发生改变,如图3-12所示,水平分布钢筋在暗柱以外连接,画图示意钢筋连接构造。

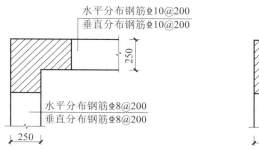

图 3-11 转角墙位置的配筋

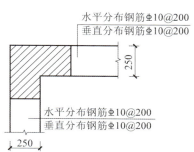

图 3-12 测试 2 结构图

测试3.上海市某住宅小区采用剪力墙结构,抗震等级为二级,使用 C30 混凝土,如图3-13所示,画出剪力墙水平分布钢筋在端柱中的构造。

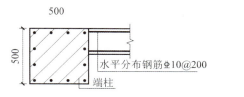

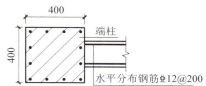

图 3-13 测试 3 结构图

关于剪力墙墙身拉筋的讨论如下。

讨论 剪力墙墙身的拉结筋与梁侧面纵向钢筋的拉结筋有何相同点与不同点?

【答】 它们的相同点是拉结筋都应该拉住纵、横方向的钢筋。梁的拉结筋同时钩住梁的侧面纵向钢筋和箍筋;剪力墙墙身的拉结筋同时钩住水平分布钢筋和竖向分布钢筋。

它们的不同点有两个方面。

(1)定义的方式不同。

梁侧面纵向钢筋的拉结筋在施工图中不进行定义,而由施工人员和预算人员根据16G101-1图集的有关规定自行确定其钢筋规格和间距。

剪力墙墙身的拉结筋由设计师在施工图上明确定义。

(2)具体的工程做法不同。

梁侧面纵向钢筋拉结筋的间距是梁箍筋非加密区间距的两倍,也就是"隔一拉一"的做法,这是固定的做法。

但是,剪力墙墙身拉结筋的间距不一定是"隔一拉一"的做法。

当剪力墙墙身水平分布钢筋和竖向分布钢筋的间距设计为200 mm,而拉结筋的间距设计为400 mm时,就是"隔一拉一"的做法。

然而,当剪力墙墙身水平分布钢筋和竖向分布钢筋的间距设计为200 mm,而拉结筋的间距设计为600 mm时,就是"隔二拉一"的做法。

16G101-1图集第16页已经给出了两种布置拉结筋的方法:一种是"矩形"方法,另一种是"梅花形"方法。施工图中应该注明拉结筋采用"矩形"或"梅花形"方法。

拉结筋的根数可以通过图集第16页的大样图来推算,方法是"单位面积计数法"——"数"出图中布置的拉结筋的根数,推算出单位面积布置多少根拉结筋。

16G101-1图集第74页的注有助于我们确定拉结筋的计算范围:剪力墙层高范围最下一排拉结筋位于底部顶板以上第二排水平分布钢筋位置处,最上一排拉结筋位于层顶部板底(梁底)以下第一排水平分布钢筋位置处。

5) 剪力墙水平分布钢筋计入约束边缘构件体积配箍率的构造做法

根据现行标准的规定,剪力墙约束边缘构件根据不同的轴压比必须满足相应配箍率特征值的要求,其目的是使剪力墙底部加强部位这个重要的区域有更好的约束混凝土,使其具有较大的塑性变形能力。在计算配箍率特征值时,首先计算箍筋体积配箍率值,可计入封闭箍筋、拉结筋及符合构造要求的水平分布钢筋。计入的水平分布钢筋的体积配箍率不应大于总体积配箍率的30%。

符合构造要求的水平分布钢筋有两种做法。

(1) 采用U形钢筋与水平分布钢筋搭接的做法,如图3-14和图3-15所示。U形钢筋的直径应不小于箍筋,搭接位置应该选择在约束边缘构件l_c以外。宜优先选用错开搭接的做法,即同排水平分布钢筋的搭接接头之间以及上、下相邻水平分布钢筋的搭接接头之间,沿水平方向净间距不宜小于500 mm,搭接长度不应小于$1.2l_{aE}$。水平分布钢筋也可采用在同一截面搭接的做法,搭接长度为l_{lE}。

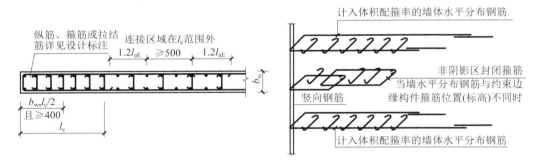

图3-14 U形钢筋与水平分布钢筋搭接的做法(一)(暗柱)

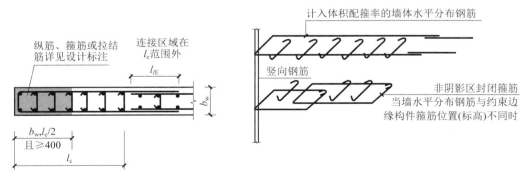

图3-15 U形钢筋与水平分布钢筋搭接的做法(二)(暗柱)

翼墙和转角墙的做法可以参考暗柱的做法，如图 3-16 所示。

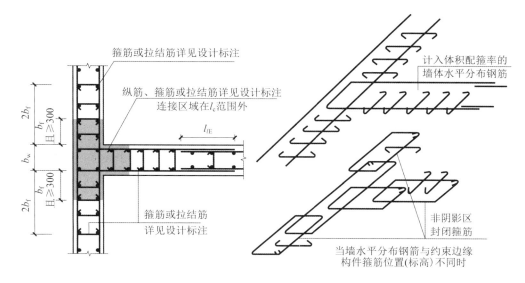

图 3-16　U 形钢筋与水平分布钢筋搭接的做法（翼墙）

（2）水平分布钢筋伸入约束边缘构件，在墙的端部竖向钢筋外侧弯折 90°，然后延伸到对边并在端部做 135°弯钩（且弯折后平直段长度为 $10d$ 和 75 mm 的较大值）钩住竖向钢筋，如图 3-17 至图 3-19 所示。

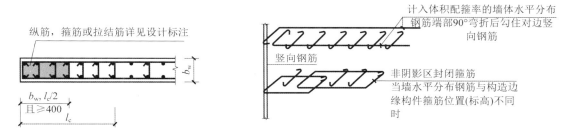

图 3-17　水平分布钢筋在端部符合构造要求的做法（暗柱）

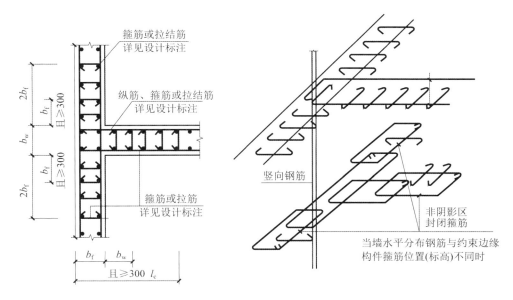

图 3-18　水平分布钢筋在端部符合构造要求的做法（翼墙）

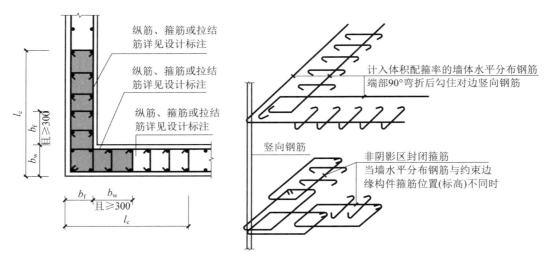

图 3-19 水平分布钢筋在端部符合构造要求的做法(转角墙)

当施工图设计文件中注明剪力墙约束边缘构件的体积配箍率计入水平分布钢筋时,水平分布钢筋在墙的端部的做法应选择符合构造要求的做法中的一种。

 "Let me try!"

测试 4. 济南市某住宅小区采用剪力墙结构,结构抗震等级为三级,采用 C30 混凝土。结构设计总说明规定,剪力墙的水平分布钢筋计入约束边缘构件体积配箍率。水平分布钢筋在剪力墙端部的构造做法有 3 种,如图 3-20 所示。

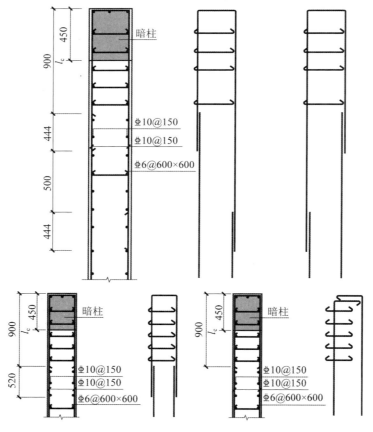

图 3-20 结构做法

6）剪力墙水平分布钢筋替代构造边缘构件 GBZ 中的部分箍筋时在端部的做法

剪力墙构造边缘构件的抗震构造要求低于约束边缘构件，仅有阴影范围。在非底部加强部位，当构造边缘构件内箍筋、拉结筋位置（标高）与墙体水平分布钢筋相同时，可采用符合构造要求的水平分布钢筋替代构造边缘构件中的外圈封闭箍筋。如图 3-21 所示，剖面 1-1 的构造边缘构件内封闭箍筋、拉结筋位置（标高）与墙体水平分布钢筋相同；剖面 2-2 的构造边缘构件内封闭箍筋、拉结筋位置（标高）与墙体水平分布钢筋不相同。

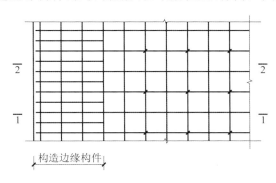

图 3-21 墙体立面示意图

符合构造要求的水平分布钢筋有两种，做法同约束边缘构件。

（1）当采用 U 形钢筋与水平分布钢筋搭接时，钢筋的直径不小于箍筋并应在构造边缘构件以外位置，宜优先选用错开搭接的做法，即同排水平分布钢筋的搭接接头之间以及上、下相邻水平分布钢筋的搭接接头之间，沿水平方向的净距离不宜小于 500 mm，搭接长度不应小于 $1.2l_{aE}$，也可采用在同一截面搭接的做法，搭接长度为 l_{lE}，如图 3-22 至图 3-25 所示。

（2）水平分布钢筋伸入构造边缘构件，在墙的端部竖向钢筋外侧弯折 90°，然后延伸到对边并在端部做 135° 弯钩（弯钩平直段长度为 $10d$ 和 75 mm 的较大值）并钩住竖向钢筋，如图 3-26 至图 3-28 所示。

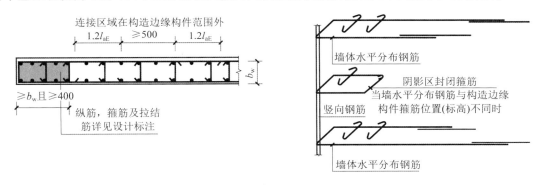

图 3-22 U 形钢筋与水平分布钢筋搭接的做法（一）（暗柱）

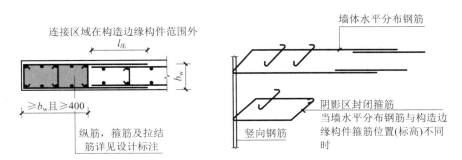

图 3-23 U 形钢筋与水平分布钢筋搭接的做法（二）（暗柱）

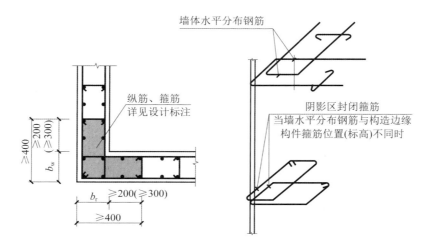

图 3-24　U 形钢筋与水平分布钢筋搭接的做法（转角墙）

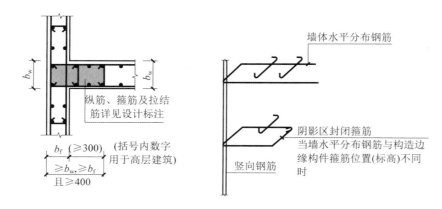

图 3-25　U 形钢筋与水平分布钢筋搭接的做法（翼墙）

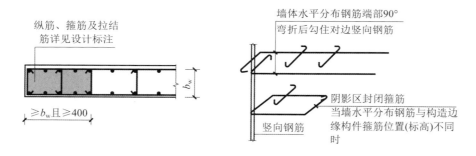

图 3-26　水平分布钢筋符合构造要求的端部做法（暗柱）

2. 剪力墙墙身竖向分布钢筋构造

在阅读 16G101 图集剪力墙构造的有关内容时，我们需要分清楚"竖向钢筋"和"竖向分布钢筋"。这两个不同的名词有不同的含义：竖向钢筋包括墙身的竖向分布钢筋和墙柱（暗柱、端柱、转角墙、翼墙）的纵向钢筋，而竖向分布钢筋仅包括剪力墙墙身钢筋网中的垂直分布钢筋（竖向分布钢筋）。

1）剪力墙墙身竖向分布钢筋连接构造

（1）搭接构造。

搭接构造分为两种情况，如图 3-29 所示。

① 一级、二级抗震等级剪力墙底部加强部位竖向分布钢筋搭接构造：剪力墙墙身竖向分布钢筋的搭接长度

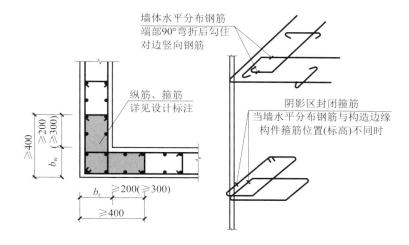

图 3-27 水平分布钢筋符合构造要求的端部做法(转角墙)

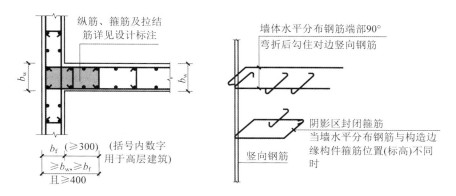

图 3-28 水平分布钢筋符合构造要求的端部做法(翼墙)

是 $1.2l_{aE}$,相邻竖向分布钢筋错开净距离是 500 mm。

② 一级、二级抗震等级剪力墙非底部加强部位或三级、四级抗震等级剪力墙竖向分布钢筋搭接构造:剪力墙墙身竖向分布钢筋的搭接长度是 $1.2l_{aE}$,可在同一部位进行搭接。

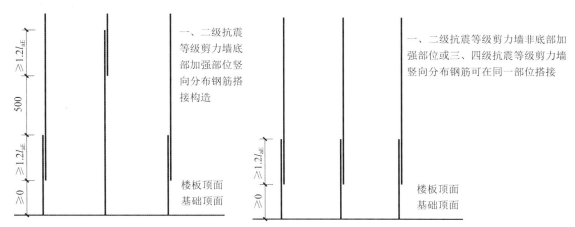

图 3-29 墙身竖向分布钢筋两种搭接构造

(2)机械连接构造。

剪力墙墙身竖向分布钢筋可在楼板顶面或基础顶面≥500 mm 处进行机械连接,相邻竖向分布钢筋的连接点错开 $35d$ 的距离,如图 3-30 所示。

(3) 焊接构造。

剪力墙墙身竖向分布钢筋的焊接构造要求与机械连接类似,只是相邻竖向分布钢筋的连接点错开距离的要求,除了 35d 以外,还要求≥500 mm,如图 3-31 所示。

16G101-1 图集第 21 页的第 3.6.2 条指出:"当剪力墙中有偏心受拉墙肢时,无论采用何种直径的竖向钢筋,均应采用机械连接或焊接接长,设计者应在剪力墙平法施工图中加以注明"。

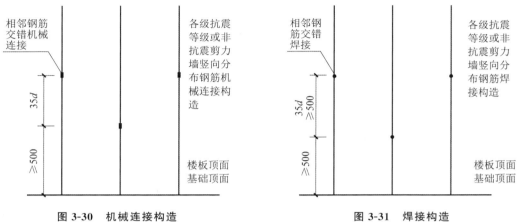

图 3-30　机械连接构造　　　　　　　图 3-31　焊接构造

 "Let me try!"

测试 5. 一级抗震等级剪力墙,二层(属于底部加强部位)楼板标高是 3.300 m,墙身竖向分布钢筋采用⊕10@200,混凝土强度等级是 C30,假设钢筋采用绑扎搭接、焊接连接、机械连接,依次画出三种连接方式下,二层楼板以上的钢筋连接构造。

测试 6. 三级抗震等级剪力墙,二层(属于底部加强部位)楼板标高是 3.300 m,墙身竖向分布钢筋采用⊕10@200,混凝土强度等级是 C30,钢筋采用绑扎搭接,画出二层楼板以上的钢筋连接构造。

2) 墙身竖向分布钢筋在基础中的构造

16G101-3 图集第 64 页"墙身竖向分布钢筋在基础中构造"给出了墙身竖向分布钢筋在基础中的两种构造,我们依次讨论。

(1) 当剪力墙落在基础中间,如图 3-32 所示,墙身边缘距离基础边缘较远(钢筋保护层厚度>5d),此时根据基础的厚度不同分为两种情况。

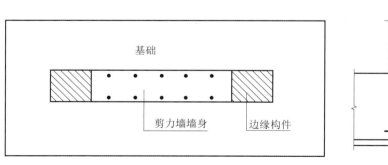 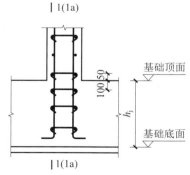

图 3-32　剪力墙落在基础中间

① 基础较厚(基础高度能满足竖向分布钢筋直锚要求)。

此时竖向分布钢筋"隔二下一"伸至基础板底部,支承在底板钢筋网片上,也可支承在筏形基础的中间层钢筋网片上,如图 3-33 所示。

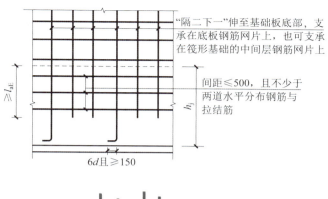

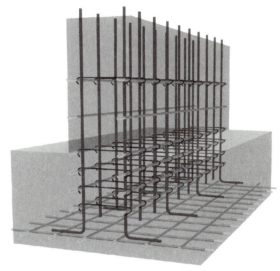

图 3-33 竖向分布钢筋在基础中的构造(一)

② 基础较薄(基础高度不能满足竖向分布钢筋直锚要求)。

此时竖向分布钢筋伸至基础板底部,支承在底板钢筋网片上,弯锚 15d,如图 3-34 所示。

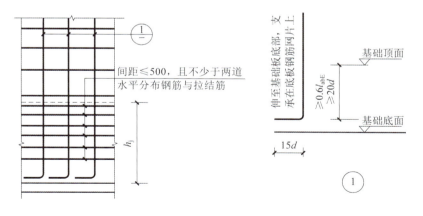

图 3-34 竖向分布钢筋在基础中的构造(二)

"Let me try!"

测试 7. 重庆市某住宅小区剪力墙抗震等级是三级,使用 C30 混凝土,墙身采用⌀10@200 竖向分布钢筋,独立基础厚度为 600 mm,墙身落在基础中间,如图 3-35 所示。计算①号插筋和②号插筋的下料长度。

测试 8. 成都市某住宅小区剪力墙抗震等级是三级,使用 C30 混凝土,墙身采用⌀10@200 竖向分布钢筋,独立基础厚度为 350 mm，墙身落在基础中间，如图 3-36 所示。依次计算 $X_1 = ($) mm，$X_2 = ($) mm，$X_3 = ($) mm。

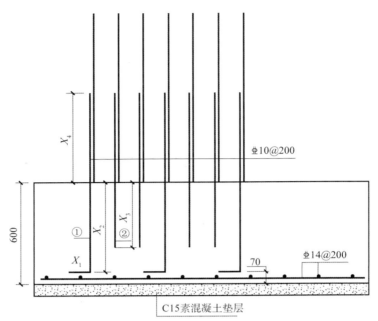

图 3-35 测试 7 剖面图

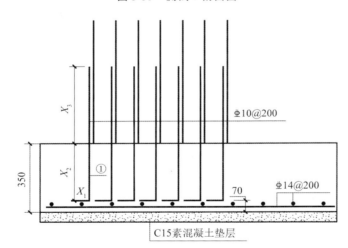

图 3-36 测试 8 剖面图

（2）当剪力墙落在基础边缘，如图 3-37 所示，剪力墙钢筋分为两种情况：里排钢筋（红色示意）距离基础边缘较远，钢筋保护层厚度 $>5d$，混凝土对钢筋的约束作用较强，这种情况，与剪力墙落在基础中间是一样的（前面已经详细讲解）；外排钢筋（绿色示意）距离基础边缘较近，钢筋保护层厚度 $\leqslant 5d$，混凝土对钢筋的约束作用较弱，此时，根据基础的厚度不同有两种不同的锚固构造。

① 基础较厚（基础高度能满足竖向分布钢筋直锚要求）。

因为竖向分布钢筋位于基础边缘，混凝土对钢筋的约束作用较弱，即便能满足直锚要求，竖向钢筋也需要做弯锚，水平分布钢筋做加密处理，加强对竖向钢筋的约束，如图 3-38 所示。

② 基础较薄（基础高度不能满足竖向分布钢筋直锚要求）。

竖向分布钢筋伸至基础板底部，支承在底板钢筋网片上，弯折 $15d$，水平分布钢筋做加密处理，加强对竖向钢筋的约束，如图 3-39 所示。

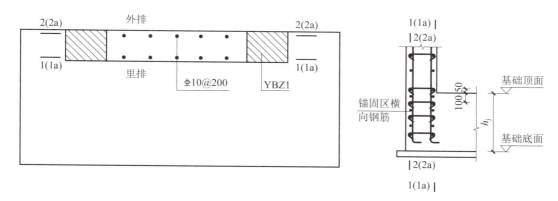

图 3-37 剪力墙落在基础边缘

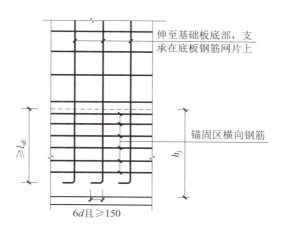

图 3-38 基础高度满足直锚要求（对应 2-2 剖面图）

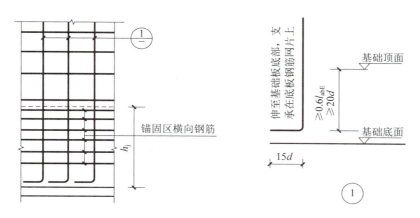

图 3-39 基础高度不满足直锚要求（对应 2a-2a 剖面图）

"Let me try!"

测试 9. 长沙市某住宅小区剪力墙抗震等级是二级，使用 C30 混凝土，墙身采用 ⌀10@200 钢筋，独立基础厚度为 600 mm，墙身落在基础边缘，竖向钢筋保护层厚度≤5d，如图 3-40 所示。依次计算 X_1=（   ）mm，X_2=（   ）mm，X_3=（   ）mm，X_4=（   ）mm，X_5=（   ）mm。

测试 10. 海口市某住宅小区剪力墙抗震等级是一级，使用 C40 混凝土，墙身采用 ⌀10@200 钢筋，独立基础厚度为 400 mm，墙身落在基础边缘，竖向钢筋保护层厚度≤5d，如图 3-41 所示。依次计算 X_1=（   ）mm，X_2=（   ）mm，X_3=（   ）mm，X_4=（   ）mm，X_5=（   ）mm。

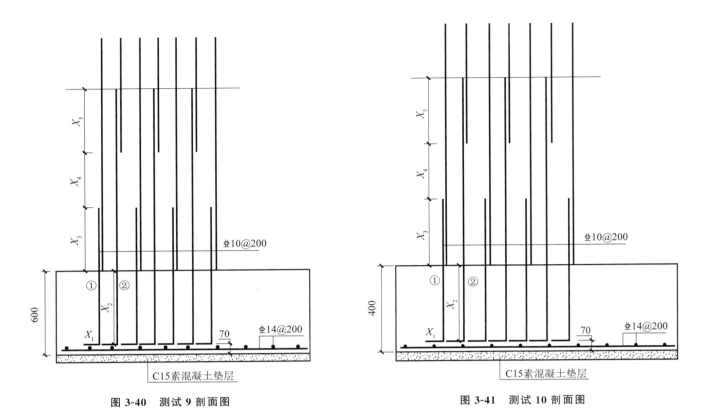

图 3-40　测试 9 剖面图

图 3-41　测试 10 剖面图

测试 11.上海市某住宅小区剪力墙抗震等级是二级,使用 C35 混凝土,墙身采用⌀10@200 钢筋,独立基础厚度为 600 mm,墙身落在基础中间,如图 3-42 所示。依次计算①号插筋、②号插筋、③号插筋、④号插筋的下料长度。

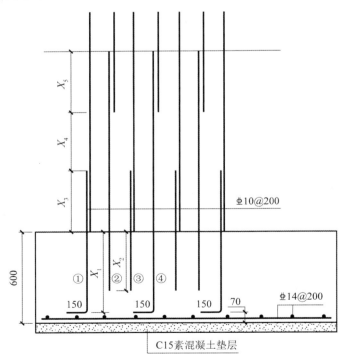

图 3-42　测试 11 剖面图

3）剪力墙变截面处竖向分布钢筋构造

剪力墙变截面处竖向分布钢筋构造如图 3-43 所示。

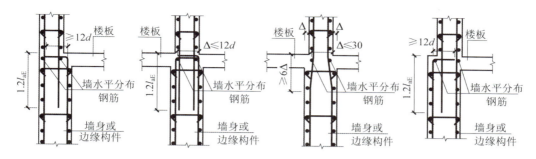

图 3-43 剪力墙变截面处竖向分布钢筋构造

拉结筋设置的位置：剪力墙层高范围最下一排拉结筋位于底部板顶以上第二排水平分布钢筋位置处，最上一排拉结筋位于层顶部板底（梁底）以下第一排水平分布钢筋位置处。

3.剪力墙边缘构件纵向钢筋构造

1）边缘构件纵向钢筋连接构造

16G101-1 图集第 73 页给出了边缘构件纵向钢筋的三种连接方式，如图 3-44 所示。

图集第 73 页注 1 强调，端柱竖向钢筋和箍筋构造与框架柱相同。矩形截面独立墙肢，当截面高度不大于截面厚度的 4 倍时，其竖向钢筋和箍筋构造要求与框架柱相同。

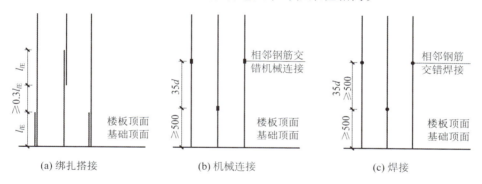

图 3-44 剪力墙边缘构件纵向钢筋连接构造

"Let me try!"

测试 12.某 L 形剪力墙平法施工图如图 3-45 所示，$l_{lE}=50d$，层高为 3 米，约束边缘构件 YBZ1 的纵向钢筋在 12.000 m 顶板以上采用绑扎搭接、机械连接、焊接三种连接方法，依次画出三种连接方法的构造大样。

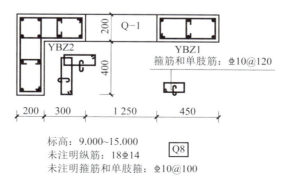

图 3-45 某 L 形剪力墙平法施工图

测试 13.某剪力墙平法施工图如图 3-46 所示，YBZ4 是端柱，二层楼面标高是 3.000 m，YBZ4 在二楼的净高是 4.5 m（二楼板面到三楼梁底），$l_{lE}=40d$，1—1 剖面图对应三根钢筋，假设分别采用绑扎搭接、机械连接、焊接三种连接方法，依次画出三种连接方法的构造大样。

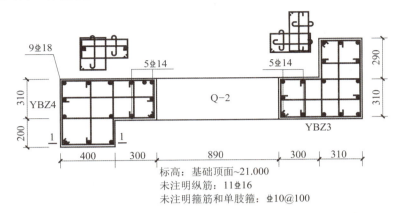

图 3-46 某剪力墙平法施工图

2）边缘构件纵向钢筋在基础中的构造

16G101-3 图集第 65 页"边缘构件纵向钢筋在基础中构造"给出了四个大样，主要是按照边缘构件的位置（位于基础中间、位于基础边缘）和基础的厚度（基础较厚、基础较薄）进行组合的，如图 3-47 所示。基础的截面高度减掉基底钢筋所占的空间及基底钢筋的保护层厚度，如果满足边缘构件纵向钢筋的直锚要求，定义为基础较厚；反之，定义为基础较薄。

通过与实际工程的结合，我们一起来理解图集的相关内容。

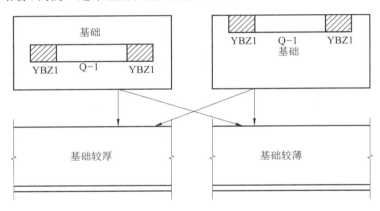

图 3-47 基础的组合

例 3-1 某高层住宅，结构抗震等级是三级，墙柱采用 C55 混凝土，基础采用 C30 混凝土，基础厚度为 1500 mm。1—1 剖面有四根纵向钢筋，1—1 剖面基础插筋的构造如图 3-48 所示。钢筋在基础里面的锚固长度 l_{aE} 按照基础混凝土的强度等级 C30 查表，基础之上绑扎搭接接头的长度 l_{lE} 按照剪力墙的混凝土强度等级 C55 查表。基础高度范围内，采用的箍筋是外圈封闭箍筋，里圈小箍筋在基础高度范围内不再设置。

例 3-2 如果上题的剪力墙位于基础边缘，约束边缘构件 YBZ1 内的 9 根纵向钢筋，均应该伸至基础板底部，支承在底板钢筋网片上。这就是 16G101-3 图集第 65 页注 5 强调的问题。此时 1—1 剖面图和 2—2 剖面图是一样的，如图 3-49 所示。

例 3-3 如图 3-50 所示，根据 16G101-3 图集第 65 页的要求，画出边缘构件在基础高度范围内采用的箍筋形式。

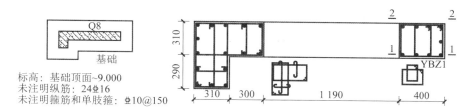

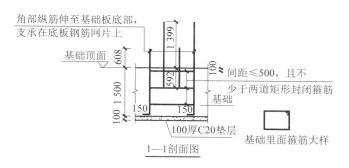

图 3-48　1—1 剖面基础插筋的构造

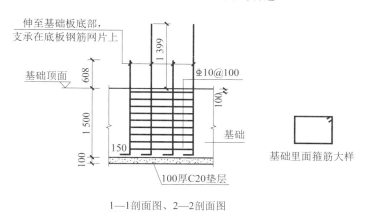

图 3-49　例 3-2 结构图

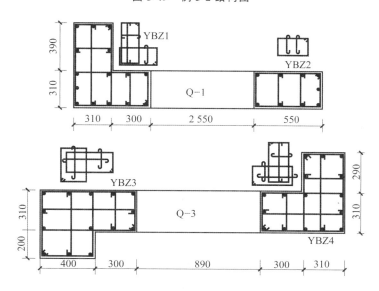

图 3-50　例 3-3 结构图

4. 剪力墙暗梁钢筋构造

剪力墙暗梁的钢筋种类包括纵向钢筋、箍筋、拉结筋、暗梁侧面的水平分布钢筋。

16G101-1 图集关于剪力墙暗梁钢筋构造的内容只有图集第 78 页的一个断面图,所以我们可以认为暗梁的纵筋是沿墙肢方向贯通布置的,而暗梁的箍筋也是沿墙肢方向全长布置的,而且是均匀布置的,不存在箍筋加密区和非加密区。

关于暗梁,我们要掌握下面几方面的内容。

(1) 暗梁是剪力墙的一部分,暗梁有阻止剪力墙开裂的作用,是剪力墙的一道水平线性加强带。暗梁一般设置在剪力墙靠近楼板底部的位置,就像砖混结构的圈梁一样。

(2) 墙身水平分布钢筋按一定间距在暗梁箍筋的外侧布置。暗梁隐藏在剪力墙内,墙身水平分布钢筋在整个墙面(包括暗梁区域)满布也是很自然的事情。

(3) 墙身竖向分布钢筋穿越暗梁。剪力墙的暗梁不是剪力墙墙身的支座,暗梁本身是剪力墙的加强带。所以,当每个楼层的剪力墙顶部设置有暗梁时,剪力墙竖向分布钢筋不能锚固在暗梁。如果当前层是中间楼层,则剪力墙竖向分布钢筋应该穿越暗梁伸入上一层;如果当前层是顶层,则剪力墙竖向分布钢筋应该穿越暗梁锚固在现浇板内部。

5. 剪力墙连梁钢筋构造

16G101-1 图集第 78 页给出了连梁立面图和剖面图的构造,我们结合实际工程的剪力墙平法施工图,解析连梁的配筋构造。

与实际工程结合

成都市某住宅小区是剪力墙结构,抗震等级为三级,采用 C35 混凝土。剪力墙的局部平法施工图如图 3-51 所示,剪力墙连梁立面图和剖面图如图 3-52 和图 3-53 所示。

图 3-51 剪力墙局部平法施工图

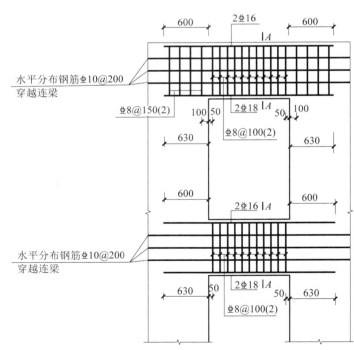

图 3-52 剪力墙连梁立面图

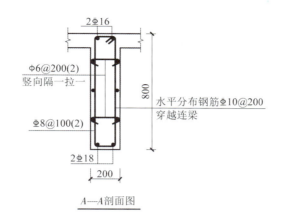

图 3-53 剪力墙连梁剖面图

6. 剪力墙洞口的表示方法

无论采用列表注写方式还是截面注写方式,剪力墙上的洞口均可在剪力墙平面布置图上原位表达。我们可以在剪力墙平面布置图上绘制洞口示意,并标注洞口中心的平面定位尺寸。洞口中心位置引注洞口编号、洞口几何尺寸、洞口中心相对标高、洞口每侧补强钢筋四项内容。

（1）洞口编号:矩形洞口为JD××(××为序号),圆形洞口为YD××(××为序号)。

（2）洞口几何尺寸:矩形洞口为洞宽×洞高($b \times h$),圆形洞口为洞口直径。

（3）洞口中心相对标高,是相对于结构层楼面标高的洞口中心高度,高于结构层楼面时为正值,低于结构层楼面时为负值。

（4）洞口每侧补强钢筋,分为以下两种情况。

① 当矩形洞口的洞宽、洞高均不大于800 mm时,此项注写为洞口每侧补强钢筋的具体数值。当洞宽方向、洞高方向补强钢筋不一致时,分别注写洞宽方向、洞高方向补强钢筋,以"/"隔开。

例 3-4 "JD1 400×300 +3.100 3Φ14"表示1号矩形洞口,洞宽为400 mm,洞高为300 mm,洞口中心距离本结构层楼面3100 mm,洞口每侧补强钢筋为3Φ14。

例 3-5 "JD2 400×300 +3.100"表示2号矩形洞口,洞宽为400 mm,洞高为300 mm,洞口中心距离本结构层楼面3100 mm,洞口每侧补强钢筋按照构造配置。

例 3-6 "JD3 800×300 +3.100 3Φ18/3Φ14"表示3号矩形洞口,洞宽为800 mm,洞高为300 mm,洞口中心距离本结构层楼面3100 mm,洞宽方向补强钢筋为3Φ18,洞高方向补强钢筋为3Φ14。

② 当矩形或圆形洞口的洞宽或直径大于800 mm时,在洞口的上、下需设置补强暗梁,此项注写为洞口上、下每侧暗梁的纵筋与箍筋的具体数值(在标准构造详图中,补强暗梁梁高一律定为400 mm,施工时按照标准构造详图取值,设计不注。当设计采用与该构造详图不同的做法时,应该另行注明),圆形洞口,尚需注明环形加强钢筋的具体数值;当洞口上、下边为剪力墙连梁时,此项免注。

例 3-7 "JD4 1000×900 +1.400 6Φ20 Φ8@150"表示4号矩形洞口,洞宽为1000 mm,洞高为900 mm,洞口中心距离本结构层楼面1400 mm,洞口上、下设置补强暗梁,每边暗梁纵筋为6Φ20,箍筋为Φ8@150。

例 3-8 "YD5 1000 +1.800 6Φ20 Φ8@150 2Φ16"表示5号圆形洞口,直径为1000 mm,洞口中心距离本结构层楼面1800 mm,洞口上、下设置补强暗梁,每侧暗梁纵筋为6Φ20,箍筋为Φ8@150,环形加强钢筋为2Φ16。

矩形洞口和圆形洞口补强构造如图3-54至图3-58所示。

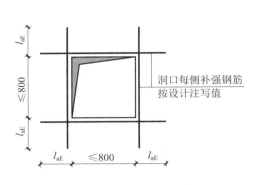

图 3-54 矩形洞口补强构造(一)

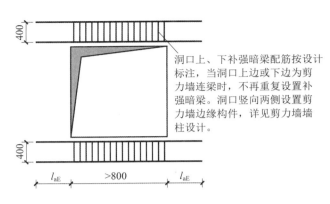

图 3-55 矩形洞口补强构造(二)

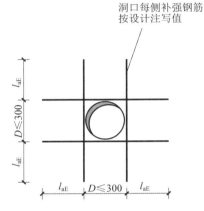

图 3-56 圆形洞口补强构造(一)

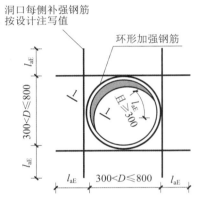

图 3-57 圆形洞口补强构造(二)

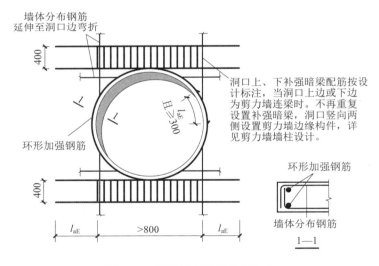

图 3-58 圆形洞口补强构造(三)

"Let me try!"

某住宅小区使用剪力墙结构,使用 C50 混凝土,抗震等级为三级。完成下列测试题。

测试 14. 方形洞口边长为 600 mm,上、下、左、右均有补强钢筋 2⊕12,补强钢筋的锚固长度从钢筋的交点开始计算。(判断题)

测试 15. 方形洞口边长为 600 mm,上、下、左、右均有补强钢筋 2⊕12,补强钢筋从洞口边缘开始计算的锚固长度是(　　)mm。

测试 16. 矩形洞口宽度和高度均大于(　　)mm 时,设置补强暗梁。

测试 17. 连梁下面有 1 米宽的方洞,为了加强对洞口的补强措施,在连梁的位置设置暗梁。(判断题)

测试 18. 剪力墙有 1 米宽的方洞,上、下设置补强暗梁,左、右两侧不设置补强措施。(判断题)

测试 19. 洞口补强暗梁的纵向钢筋的锚固长度和连梁一样,$\geq l_{aE}$,且 ≥ 600。(判断题)

测试 20. 剪力墙圆形洞口周围都设置环形加强钢筋。(判断题)

测试 21. 剪力墙圆形洞口环形加强钢筋的搭接长度是 l_{lE}。(判断题)

测试 22. 剪力墙圆形洞口直径是 1 米,设置的环形加强钢筋是 2⌀10,搭接长度是(　　)mm。

测试 23. 剪力墙圆形洞口直径是 1 米,墙体的水平分布钢筋和竖向分布钢筋延伸至洞口边,紧贴环形加强钢筋内侧弯折。(判断题)

测试 24. 剪力墙有 1 米直径的圆洞,上、下设置补强暗梁,左、右两侧不设置补强措施。除环形加强钢筋外不加设加强钢筋。(判断题)

测试 25. 某连梁高度为 400 mm,中部能设置圆形洞口。(判断题)

易错点分析:当矩形洞口洞宽和洞高均大于 800 mm,或者圆形洞口直径大于 800 mm 时,洞口上、下设置补强暗梁(图集示意),但是洞口竖向两侧也需要设置剪力墙边缘构件(图集提示),详见剪力墙墙柱设计图纸。这是容易漏掉的。

矩形洞口洞宽和洞高均大于 800 mm 时四周补强构造如图 3-59 所示。

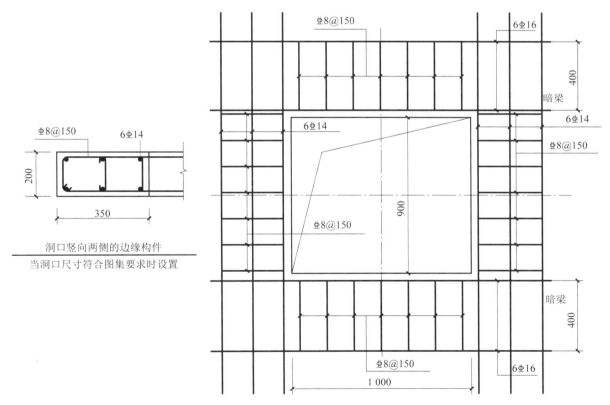

图 3-59 矩形洞口洞宽和洞高均大于 800 mm 时四周补强构造

7. 地下室外墙的表示方法

地下室外墙的编号,由墙身代号、序号组成,表达式为 DWQ××。地下室外墙平面注写方式包括集中标注墙体编号、厚度、贯通钢筋、拉筋等和原位标注附加非贯通钢筋等两部分内容,当仅设置贯通钢筋,未设置附加非贯通钢筋时,地下室外墙仅做集中标注。

地下室外墙的集中标注有以下规定。

(1) 注写地下室外墙编号,包括代号、序号、墙身长度(注写方式为××轴~××轴)。

(2) 注写地下室外墙厚度 $b_w=××$。

(3) 注写地下室外墙的外侧、内侧贯通钢筋和拉结筋。

① 以 OS 代表外墙外侧贯通钢筋。其中,外侧水平贯通钢筋以 H 开头,外侧竖向贯通钢筋以 V 开头;

② 以 IS 代表外墙内侧贯通钢筋。其中,内侧水平贯通钢筋以 H 开头,内侧竖向贯通钢筋以 V 开头;

③ 以 tb 开头注写拉结筋直径、强度等级及间距,并注明"矩形"或"梅花形"布置方式。

地下室外墙的原位标注,主要表示在外墙外侧配置的水平非贯通钢筋或竖向非贯通钢筋。

当配置水平非贯通钢筋时,在地下室墙体平面图上原位标注。在地下室外墙外侧绘制粗实线代表水平非贯通钢筋,在其上注写钢筋编号并以 H 开头注写钢筋强度等级、直径、分布间距,以及自支座中线向两边跨内的伸出长度值。当自支座中线向两侧对称伸出时,可仅在单侧标注跨内伸出长度,另一侧不标注。这种情况下,非贯通钢筋总长度为标注长度的 2 倍。边支座处非贯通钢筋的伸出长度值从支座外边缘算起。

地下室外墙外侧非贯通钢筋通常采用"隔一布一"方式与集中标注的贯通钢筋间隔布置,其标注间距应该与贯通钢筋相同。两者组合后的实际分布间距为各自标注间距的 1/2。

当在地下室外墙外侧底部、顶部、中间楼层位置配置竖向非贯通钢筋时,应补充绘制地下室外墙竖向剖面图并在其上原位标注。表示方法为在地下室外墙竖向剖面图外侧绘制粗实线段代表竖向非贯通钢筋,在其上注写钢筋编号并以 V 开头注写钢筋强度等级、直径、分布间距,以及向上(下)层的伸出长度值,并在外墙竖向剖面图名下注明分布范围(××轴~××轴)。

竖向非贯通钢筋向层内的伸出长度值注写方式:

① 地下室外墙底部非贯通钢筋向层内的伸出长度值从基础底板顶面算起;

② 地下室外墙顶部非贯通钢筋向层内的伸出长度值从顶板底面算起;

③ 中间楼板处非贯通钢筋向层内的伸出长度值从板中间算起,当上、下两侧伸出长度值相同时,可仅注写一侧。

与实际工程结合

地下室外墙平法施工图如图 3-60 所示。

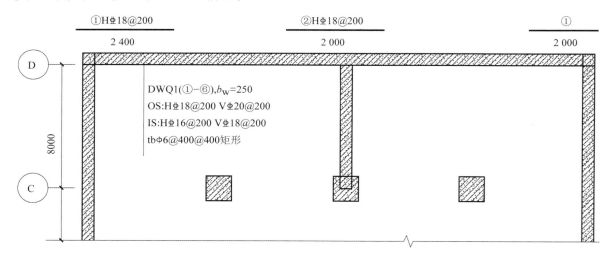

图 3-60 地下室外墙平法施工图

DWQ1 识读：1 号地下室外墙，长度范围为①轴～⑥轴，墙厚为 250 mm，外侧水平贯通钢筋为⌀18@200，竖向贯通钢筋为⌀20@200，内侧水平贯通钢筋为⌀16@200，竖向贯通钢筋为⌀18@200，拉结筋为一级钢，直径为 6 mm，矩形布置，水平和竖向间距均为 400 mm。

外侧水平和竖向钢筋立面布置图如图 3-61 和图 3-62 所示。

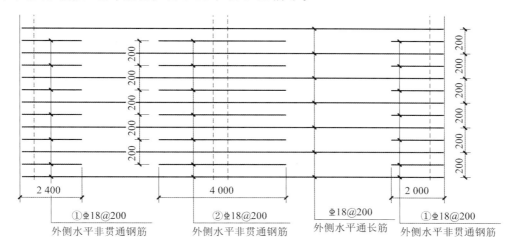

图 3-61　外侧水平钢筋立面布置图

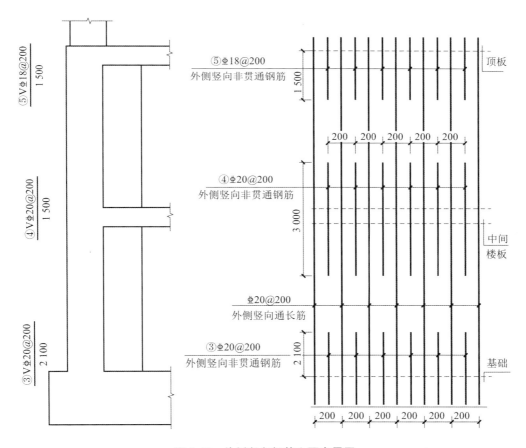

图 3-62　外侧竖向钢筋立面布置图

16G101-1 图集第 82 页给出了地下室外墙的钢筋构造，如图 3-63 至图 3-65 所示。地下室外墙的钢筋配置，水平钢筋在内侧，竖向钢筋在外侧，这一点与剪力墙结构正好相反。

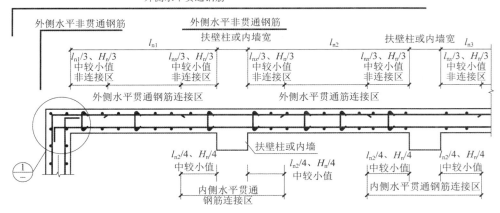

图 3-63 地下室外墙水平钢筋构造

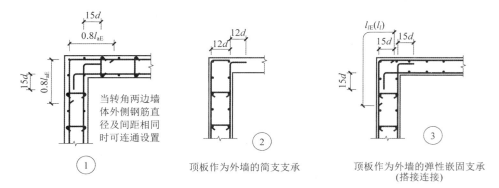

图 3-64 地下室外墙节点构造大样

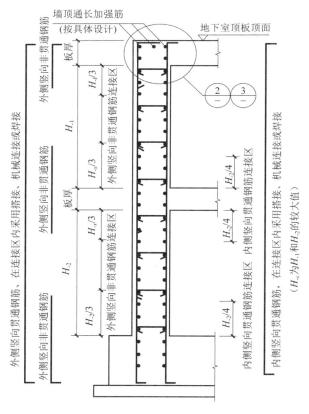

图 3-65 地下室外墙竖向钢筋构造

任务 3　编制钢筋配料单

与实际工程结合

拉萨市某住宅小区采用剪力墙结构，楼层有 8 层，抗震等级为二级，一层和二层是底部加强部位，三层到八层是非底部加强部位，主体结构采用 C35 混凝土，如图 3-66 所示。与 YBZ2（端柱）相连的楼层梁的梁高均为 400 mm。基础顶标高为 -1.000 m，基础采用 C30 混凝土，基础厚度为 600 mm，基底采用 Φ14@200 单层双向钢筋网。二层楼面标高为 3.000 m，三层楼面标高为 6.000 m，三层以上各层层高均为 3 m。分别计算 Q1（墙身）、YBZ1（约束边缘暗柱）、YBZ2（端柱）纵向钢筋的下料长度，并且编制钢筋配料单。基础底部保护层厚度为 40 mm，屋面保护层厚度为 30 mm。Q1 和 YBZ1 纵向钢筋的连接采用绑扎搭接，和 YBZ2 纵向钢筋的连接采用机械连接。

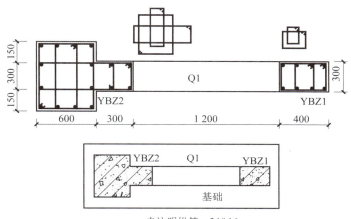

图 3-66　结构图

【解】（1）计算墙身 Q1 纵向钢筋。

一层和二层是底部加强部位，按照 16G101-1 图集第 73 页的要求，剪力墙墙身竖向分布钢筋交错搭接，如图 3-67 所示。

基础采用 C30 混凝土，$l_{aE}=40d$。

主体结构采用 C35 混凝土，$l_{aE}=37d$。

按照 16G101-3 图集第 64 页的要求，基础高度满足直锚要求，剪力墙墙身竖向分布钢筋"隔二下一"，伸至基础板底部。

①号插筋的下料长度为

$$(444+530+150-2.29\times10)\ \text{mm}=1102\ \text{mm}$$

②号插筋的下料长度为

$$(444+500+444+400)\ \text{mm}=1788\ \text{mm}$$

③号插筋的下料长度为

$$(444+400)\ \text{mm}=844\ \text{mm}$$

④号插筋的下料长度为

$$(444+500+444+530+150-2.29\times10)\ \text{mm}=2046\ \text{mm}$$

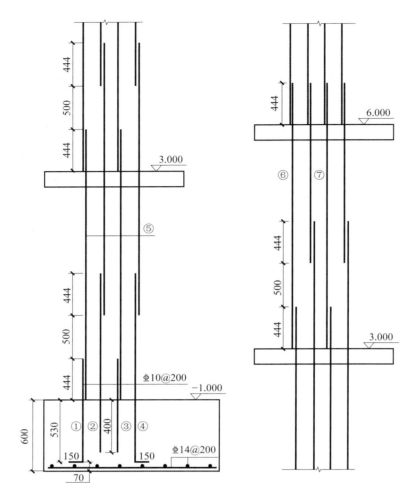

图 3-67 构造图(一)

在一层范围内的⑤号钢筋的下料长度是一样的,为

$$(3000+1000+444)\text{ mm}=4444\text{ mm}$$

三层以上(标高 6.000 m 以上)是非底部加强部位,按照 16G101-1 图集第 73 页的构造要求,二级抗震等级的非底部加强部位,剪力墙墙身竖向分布钢筋可在同一部位搭接,如图 3-68 所示。

在二层范围内的⑥号钢筋的下料长度为

$$(6000-3000+444)\text{ mm}=3444\text{ mm}$$

在二层范围内的⑦号钢筋的下料长度为

$$(6000-3000+444-444-500)\text{ mm}=2500\text{ mm}$$

标准层钢筋(⑧号)的下料长度是一样的,为

$$(9000-6000+444)\text{ mm}=3444\text{ mm}$$

按照 16G101-1 图集第 74 页的要求,剪力墙竖向分布钢筋顶部构造弯锚 $12d$,顶部钢筋(⑨号)的下料长度为

$$(24000-21000-30+120-2.29\times10)\text{ mm}=3068\text{ mm}$$

墙身 Q1 钢筋配料单如图 3-69 所示。

(2)计算约束边缘暗柱 YBZ1 纵向钢筋。

根据 16G101-3 图集第 65 页"边缘构件纵向钢筋在基础中构造",暗柱的纵筋在基础里面的直锚长度 $l_{aE}=40\times16\text{ mm}=640\text{ mm}>$基础厚度 600 mm,暗柱的 8 根纵向钢筋均伸至基础板底部,支承在底板钢筋网片上。

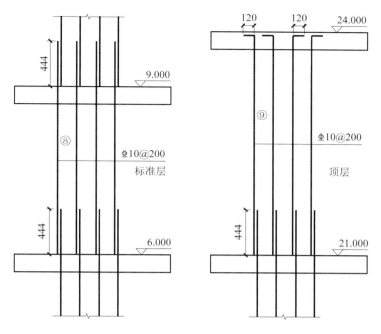

图 3-68 构造图(二)

墙身Q1钢筋配料单								
①号钢筋	②号钢筋	③号钢筋	④号钢筋	⑤号钢筋	⑥号钢筋	⑦号钢筋	⑧号钢筋	⑨号钢筋
简图	简图	简图	简图	简图	简图	简图	简图	简图
974 / 240	1 788	844	1 918 / 150	4 444	3 444	2 500	3 444	120 / 2 970
下料长度	下料长度	下料长度	下料长度	下料长度	下料长度	下料长度	下料长度	下料长度
1 102 mm	1 788 mm	844 mm	2 046 mm	4 444 mm	3 444 mm	2 500 mm	3 444 mm	3 068 mm

图 3-69 墙身 Q1 钢筋配料单

根据 16G101-1 图集第 73 页的剪力墙边缘构件纵向钢筋连接构造图,钢筋交错绑扎搭接,如图 3-70 所示,搭接长度 $l_{lE}=52d=52\times16\ \mathrm{mm}=832\ \mathrm{mm}$。

①号钢筋的下料长度为

$$(832+530+240-2.29\times16)\ \mathrm{mm}=1566\ \mathrm{mm}$$

②号钢筋的下料长度为

$$(832+250+832+530+240-2.29\times16)\ \mathrm{mm}=2648\ \mathrm{mm}$$

一层范围内的③号钢筋的下料长度是一致的,为

$$(3000+1000+832)\ \mathrm{mm}=4832\ \mathrm{mm}$$

标准层范围内的④号钢筋的下料长度是一致的,为

$$(6000-3000+832)\ \mathrm{mm}=3832\ \mathrm{mm}$$

按照 16G101-1 图集第 74 页的要求,剪力墙竖向钢筋顶部构造,弯锚 12d,如图 3-71 所示。

顶部⑤号钢筋的下料长度为

$$(24\ 000-21\ 000-30+12\times16-2.29\times16)\ \mathrm{mm}=3126\ \mathrm{mm}$$

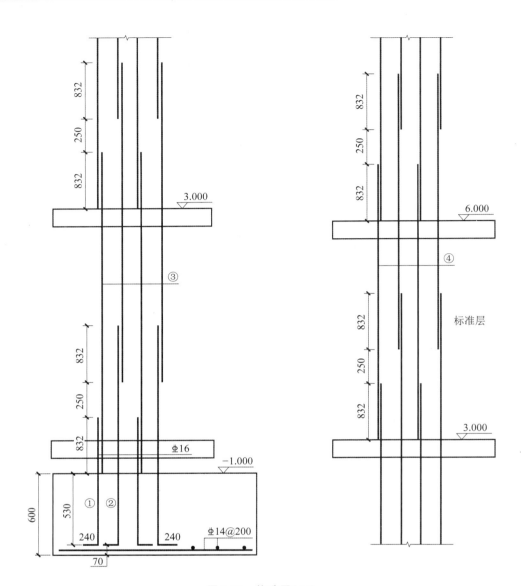

图 3-70 构造图(三)

顶部⑥号钢筋的下料长度为

$$(24\,000-21\,000-30+12\times16-2.29\times16-832-250)\text{mm}=2044\text{ mm}$$

约束边缘暗柱 YBZ1 钢筋配料单如图 3-72 所示。

(3) 计算端柱 YBZ2 纵向钢筋。

根据 16G101-1 图集第 73 页注 1 的要求,端柱竖向钢筋的构造与框架柱相同,应该按照图集第 63 页"KZ 纵向钢筋连接构造"计算。

与 YBZ2(端柱)相连的楼层梁的梁高均为 400 mm,可以计算出每个楼层 YBZ2(端柱)的净高,如图 3-73 所示。

按照 16G101-3 图集第 65 页注 5 规定,端柱纵筋在基础中的构造按照第 66 页"柱纵向钢筋在基础中构造"设置。

①号插筋的下料长度为

$$(1200+530+240-2.29\times16)\text{mm}=1934\text{ mm}$$

②号插筋的下料长度为

$$(560+1200+530+240-2.29\times16)\text{mm}=2494\text{ mm}$$

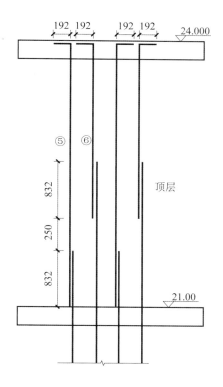

图 3-71 构造图(四)

图 3-72 约束边缘暗柱 YBZ1 钢筋配料单

约束边缘暗柱YBZ1钢筋配料单					
①号钢筋	②号钢筋	③号钢筋	④号钢筋	⑤号钢筋	⑥号钢筋
简图	简图	简图	简图	简图	简图
1 362 / 240	2 444 / 240	4 832	3 832	192 / 2 970	192 / 1 888
下料长度	下料长度	下料长度	下料长度	下料长度	下料长度
1 566 mm	2 648 mm	4 832 mm	3 832 mm	3 126 mm	2 044 mm

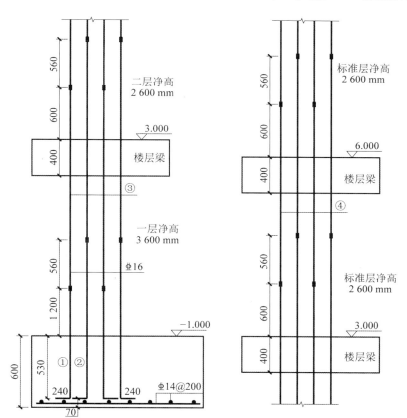

图 3-73 构造图(五)

一层范围内的③号钢筋的下料长度是一样的,为

$$(3000+1000-1200+600)\text{mm}=3400\text{ mm}$$

标准层范围内的④号钢筋的下料长度是一样的,为

$$(6000-3000-600+600)\text{mm}=3000\text{ mm}$$

按照16G101-1图集第68页中柱柱顶纵向钢筋构造图,钢筋弯锚12d,如图3-74所示。

⑤号钢筋的下料长度为

$$(24\ 000-21\ 000-600-30+12\times16-2.29\times16)\text{mm}=2526\text{ mm}$$

⑥号钢筋的下料长度为

$$(24\ 000-21\ 000-600-560-30+12\times16-2.29\times16)\text{mm}=1966\text{ mm}$$

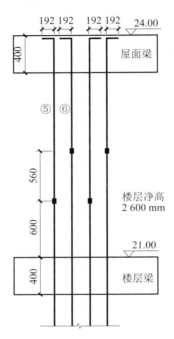

图 3-74 构造图(六)

端柱 YBZ2 钢筋配料单如图 3-75 所示。

端柱YBZ2钢筋配料单					
①号钢筋	②号钢筋	③号钢筋	④号钢筋	⑤号钢筋	⑥号钢筋
简图	简图	简图	简图	简图	简图
1730 240	2290 240	3400	3000	192 2370	192 1810
下料长度	下料长度	下料长度	下料长度	下料长度	下料长度
1934 mm	2494 mm	3400 mm	3000 mm	2526 mm	1966 mm

图 3-75 端柱 YBZ2 钢筋配料单

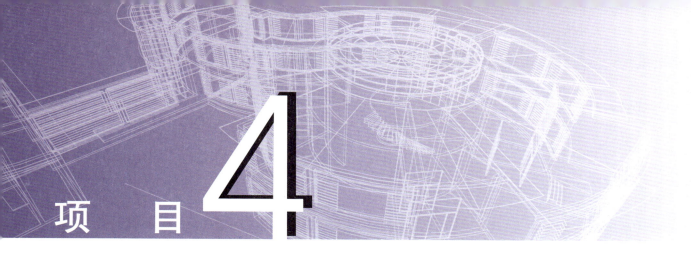

项目 4 板平法识图与钢筋算量

本章内容提要

本章主要介绍有梁楼盖平法施工图表示方法、楼板的钢筋构造与计算、楼板相关构造。

有梁楼盖平法施工图表示方法包括板块集中标注、板支座原位标注。

楼板的钢筋构造与计算包括楼板端部支座钢筋构造、楼板中间支座钢筋构造、楼板钢筋的计算、楼板分布钢筋构造。

楼板相关构造包括后浇带构造、局部升降板构造、角部加强筋构造、悬挑板阴角附加筋构造、悬挑板阳角放射筋构造。

任务 1 有梁楼盖平法施工图表示方法

有梁楼盖平法施工图指在楼面板和屋面板布置图上，采用平面注写的方式表达信息的图。有梁楼盖平面注写主要包括板块集中标注和板支座原位标注。

为方便设计表达和施工识图，规范规定了结构平面的坐标方向：当两向轴网正交布置时，图面从左至右为 X 向，从下至上为 Y 向。

1. 板块集中标注

板块集中标注的内容为板块编号、板厚、上部贯通纵筋、下部纵筋，以及板面标高高差。

板块编号如表 4-1 所示。

表 4-1 板块编号

板块类型	代号	序号
楼面板	LB	××
屋面板	WB	××
悬挑板	XB	××

板厚注写为 $h=\times\times$（为垂直于板面的厚度）。当悬挑板的端部改变截面厚度时，用斜线分隔根部与端部的高度值，注写为 $h=\times\times/\times\times$，如图 4-1 所示。当设计图纸已经在图注中统一注明板厚时，此项可不注。

纵筋按照板块的下部纵筋和上部贯通纵筋分别注写（当板块上部不设贯通纵筋时则不注写），并以 B 代表下部纵筋，以 T 代表上部贯通纵筋，B&T 代表下部纵筋与上部贯通纵筋；X 向的纵筋以 X 开头，Y 向的纵筋以 Y 开头；两向的纵筋配置相同时，则以 X&Y 开头。

单向板的分布钢筋不必注写,而是在图中统一注明。

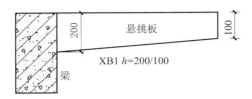

图 4-1 悬挑板示意

讨论 什么是双向板？什么是单向板？

【答】 大部分情况下,楼板的四周都有梁做支承,此时楼板长边 L 与短边 B 之比 $L/B \leqslant 2$ 时为双向板, $L/B \geqslant 3$ 时为单向板,$2 < L/B < 3$ 时,板仍显示出一定程度的双向受力特征,宜按照双向板计算。

在某些情况下,楼板是两对边支承,此时无论长边尺寸、短边尺寸比值如何,均为单向板,如图 4-2 所示。

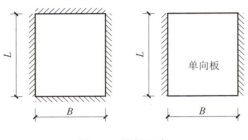

图 4-2 楼板示意

当在某些板内(例如在悬挑板 XB 的下部)配置有构造钢筋时,则 X 向以 Xc 开头注写,Y 向以 Yc 开头注写。

当纵筋采用两种规格钢筋"隔一布一"的方式时,表达式为 Φxx/yy@××,表示直径为 xx 的钢筋和直径为 yy 的钢筋之间的距离为××,直径 xx 的钢筋的间距为××的 2 倍,直径 yy 的钢筋的间距为××的 2 倍。

板面标高高差系指相对于结构层楼面标高的高差,应将其注写在括号内,且有高差时注写,没有高差时不注写。

例 4-1 有一楼面板块注写为"LB2 $h=120$ B:X Φ10@150；Y Φ8@100",表示 2 号楼面板,板厚 120 mm,板下部配置的纵筋 X 向为 Φ10@150,Y 向为 Φ8@100；楼板上表面未配置贯通纵筋。

> **注意**：集中标注没有注写"T",表示楼板上表面未配置贯通纵筋,不代表没有上表面的钢筋,上表面会设置支座负弯矩钢筋。

例 4-2 有一楼面板块注写为"LB3 $h=130$ B:X Φ8/10@120；Y Φ12@150",表示 3 号楼面板,板厚 130 mm,板下部配置的纵筋 X 向为 Φ8、Φ10"隔一布一",Φ8 和 Φ10 之间的距离为 120 mm,Y 向为 Φ12@150,如图 4-3 所示；板上部未配置贯通纵筋。

例 4-3 有一悬挑板注写为"XB1 $h=180/120$ B:Xc&Yc Φ8@150",表示 1 号悬挑板,板根部厚 180 mm,端部厚 120 mm,板下部配置构造钢筋双向均为 Φ8@150,如图 4-4 所示。

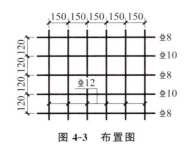

图 4-3 布置图

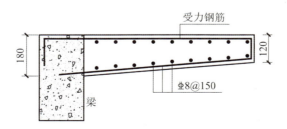

图 4-4 悬挑板剖面图

单向或双向连续板的中间支座上部同向贯通纵筋，不应在支座位置连接或分别锚固。当相邻两跨的板上部贯通纵筋配置相同，且跨中部位有足够空间连接时，可在两跨任意一跨的跨中连接部位连接；当相邻两跨的上部贯通纵筋配置不同时，应将配置较大者越过其标注的跨数终点或起点伸至相邻跨的跨中连接区域连接。

2. 板支座原位标注

板支座原位标注的内容为板支座上部非贯通纵筋和悬挑板上部受力钢筋。

板支座上部非贯通纵筋自支座中线向跨内的伸出长度，注写在线段的下方。当中间支座上部非贯通纵筋向支座两侧对称伸出时，设计者可仅在支座一侧线段下方标注伸出长度，另一侧不注，如图 4-5 所示。当中间支座上部非贯通纵筋向支座两侧非对称伸出时，设计者应分别在支座两侧线段下方注写伸出长度，如图 4-6 所示。

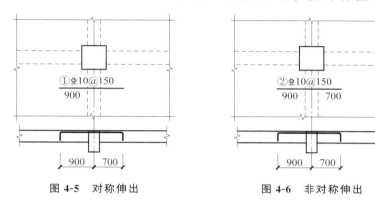

图 4-5 对称伸出　　　　图 4-6 非对称伸出

对线段画至对边贯通全跨或贯通全悬挑部分的上部贯通纵筋，贯通全跨或伸出至全悬挑端一侧的长度值不注写，只注明非贯通纵筋另一侧的伸出长度，如图 4-7 所示。

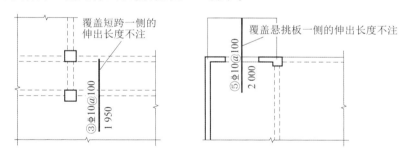

图 4-7 板支座非贯通纵筋贯通全跨或伸出至悬挑端

当板支座为弧形，支座上部非贯通纵筋呈放射状分布时，设计者应注明配筋间距的度量位置并加注"放射分布"四字，必要时应补绘平面配筋图，如图 4-8 所示。

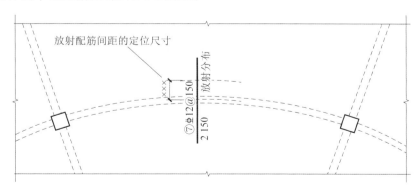

图 4-8 弧形支座处放射状配筋

在板平面布置图中,不同部位的板支座上部非贯通纵筋和悬挑板上部受力钢筋,可仅在一个部位注写,对其他相同配筋则仅需在代表钢筋的线段上注写编号及注写横向连续布置的跨数。

例 4-4 在板平面布置图某部位,横跨支承梁绘制的对称线段上注有⑤⌀10@120(6A)和1600,表示支座上部⑤号非贯通纵筋为⌀10@120,从该跨起沿支承梁连续布置6跨,加梁一端的悬挑端,该筋自支座中线向两侧跨内的伸出长度均为1600 mm。在同一板平面布置图的另一部位横跨梁支座绘制的对称线段上注有⑤(2)时,表示该钢筋和⑤号纵筋相同,沿支承梁连续布置2跨,且无梁悬挑端布置。

当板的上部已经配置了贯通纵筋,但需增配板支座上部非贯通纵筋时,设计者应该结合已经配置的同向贯通纵筋的直径和间距采取"隔一布一"的方式配置。

"隔一布一"的方式中,非贯通纵筋的标注间距与贯通纵筋相同,两者组合后的实际间距为各自标注间距的1/2。当设定贯通纵筋为纵筋总截面面积的50%时,两种钢筋应取相同直径;当设定贯通纵筋大于或小于总截面面积的50%时,两种钢筋取不同直径。

例 4-5 板上部已经配置贯通纵筋⌀10@200,该跨同向配置的上部支座非贯通纵筋为③⌀10@200,表示在该支座上部设置的纵筋实际为⌀10@100,其中 1/2 为贯通纵筋,1/2 为③号非贯通纵筋,如图 4-9 所示。

例 4-6 板上部已经配置贯通纵筋⌀8@150,该跨配置的上部同向支座非贯通纵筋为②⌀10@150,表示该跨实际配置的上部纵筋为⌀8 和⌀10 间隔布置,二者之间的距离为 75 mm,如图 4-10 所示。

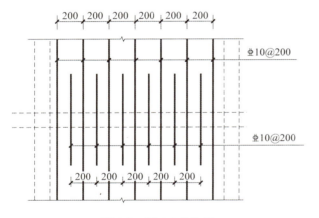

图 4-9 例 4-5 结构图

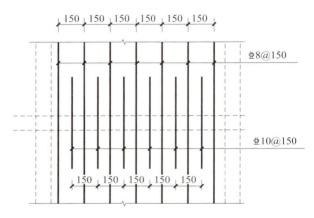

图 4-10 例 4-6 结构图

注意: 当支座一侧设置了上部贯通纵筋(在板集中标注中以T开头),而在支座另一侧仅设置了上部非贯通纵筋时,如果支座两侧设置的纵筋直径、间距相同,设计者应将二者连通,避免各自在支座上部分别锚固。("能通则通"原则)

与实际工程结合

图 4-11 所示为实际工程的楼板平法施工图。编号为 LB2 的楼面板,厚度为 120 mm。楼板下部配置的纵筋 X 向和 Y 向都为⌀8@180。在这里需要说明的是,虽然LB2 的钢筋标注只在某一块楼板上进行,但是,本楼层中所有注明"LB2"的楼板都执行上述标注的配筋。尤其值得注意的是,无论楼板的大小是否相同,都执行同样的配筋。当然,对尺寸不同或者是形状不同的楼板,应分别计算每一块楼板的配筋量。

LB2 没有配置 T 开头的钢筋,说明楼板上部不设置贯通纵筋。这就是说,每一块楼板的周围都需要设置扣筋(上部非贯通纵筋)。楼板周围的扣筋可能各不相同,由此可见,楼板的编号与扣筋的设置无关。

编号为 LB1 的楼板是走廊楼板,厚 110 mm。楼板下部的配筋,X 向和 Y 向都是⌀8@200。楼板上部配置的

X 向贯通纵筋是Φ8@200。楼板上部没有设置 Y 向贯通纵筋,Y 向配置的是横跨走廊板的扣筋。

板面标高高差系指相对于结构层楼面标高的高差,应将其标注在括号内,有高差则注写,无高差不注写。LB3 楼板面比结构层楼面低 0.050 米。由于楼板的板面标高比周围的板低,周围楼板的扣筋只能做成单侧扣筋,即周围扣筋无法跨越梁伸到较低的楼板上,如图 4-12 所示。

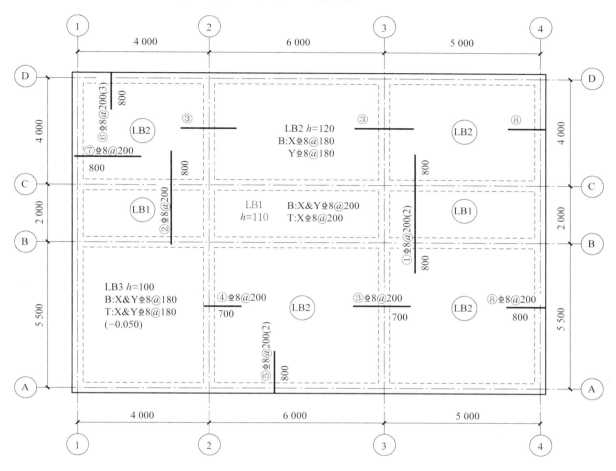

图 4-11 实际工程的楼板平法施工图

图 4-12 楼板有高差

对于支座扣筋,⑥Φ8@200(3)表示连续布置3跨,在②轴～③轴、③轴～④轴范围内,采用同样的配置。

图 4-13 所示为实际工程的屋面板平法施工图。屋面与室外接触,受自然环境的影响很大,所以屋面板一般较厚,屋面板的配筋一般是通长设置的,如屋面板结构设计说明的第 1 条所示。图中所画支座扣筋是附加钢筋,与通长筋交错设置。③号扣筋设置如图 4-14 所示,附加钢筋现场照片如图 4-15 所示。有扣筋设置的区域,板面钢筋间距是 100 mm。这就是图集上讲解的贯通纵筋与非贯通纵筋"隔一布一"的配筋方式。

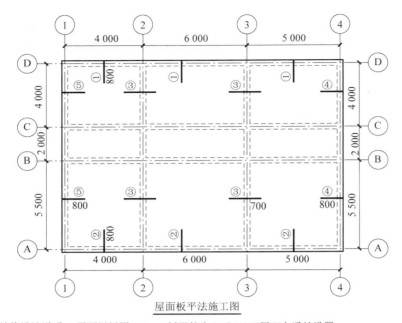

屋面板平法施工图

屋面板结构设计说明：1.屋面板板厚120 mm,板配筋为⌀8@200双层双向通长设置。
2.图中所画钢筋为板面附加钢筋,与通长筋交错设置;附加钢筋均为⌀8@200。

图 4-13　实际工程的屋面板平法施工图

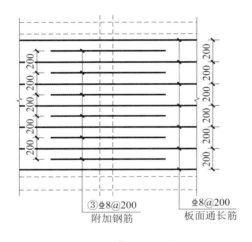

图 4-14　③号扣筋设置

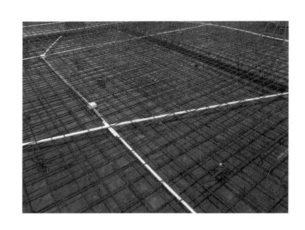

图 4-15　附加钢筋现场照片

任务 2　楼板的钢筋构造与计算

1. 楼板端部支座钢筋构造

（1）对于普通的楼面板和屋面板,当端部支座为梁时,板下部贯通纵筋在支座的直锚长度≥5d,且至少到梁中心线。

板上部钢筋伸至梁外侧角筋的内侧弯折,弯折段长度为15d。锚固的平直段长度（直锚长度）：设计按铰接时,≥$0.35l_{ab}$；充分利用钢筋抗拉强度时,≥$0.6l_{ab}$。设计按铰接或者充分利用钢筋抗拉强度,由设计指定。

普通的楼面板和屋面板端部支座锚固构造如图 4-16 所示。

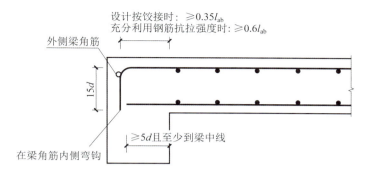

图 4-16 普通的楼面板和屋面板端部支座锚固构造

 在楼板上部钢筋锚固构造中,为什么采用 l_{ab},而不采用 l_{abE}?

【答】 原因就是普通的楼面板和屋面板设计不考虑抗震因素。

在房屋结构设计中,设计者是这样考虑抗震因素的:当水平地震力到来的时候,竖向承重构件(框架柱和剪力墙)是第一道防线;框架梁是耗能构件,起到消耗地震能量的作用,相当于缓冲区;到非框架梁(次梁)这一层次,已经不考虑地震作用了;到楼板这一层次,就更不考虑地震作用了。

鉴于这个原因,即使整个房屋处于高地震区(例如一级、二级抗震等级地区),普通的楼面板和屋面板也是不考虑地震影响的。所以,在楼板上部钢筋锚固构造中,设计者采用 l_{ab} 而不是 l_{abE}。

16G101-1 图集第 99 页注 7 讲到,楼板上部纵筋在端支座应伸至梁支座外侧纵筋内侧后弯折 $15d$,当平直段长度 $\geq l_a$ 时,可不弯折。

下面我们通过具体工程实例讲解这个问题。

与实际工程结合

重庆市某中学修建教学楼,采用框架结构,抗震等级为三级,整个结构采用 C35 混凝土。LB3 的平法施工图如图 4-17 所示。楼板端支座框架梁的宽度为 250 mm 和 300 mm。楼板上部钢筋在端支座的锚固有两种形式。

由于普通的楼面板和屋面板不考虑抗震,我们按照不抗震要求查得 $l_{ab}=32d$。32×8 mm $= 256$ mm > 250 mm (KL2 的宽度),此时,上部钢筋需要做弯锚;32×8 mm $= 256$ mm < 300 mm(KL1 的宽度),且 300 mm $-$ 256 mm $= 44$ mm,足够设置梁混凝土保护层、梁箍筋和梁角筋,此时,板上部钢筋伸入梁内 l_a(256 mm)。楼板钢筋在端支座的锚固构造如图 4-18 所示。

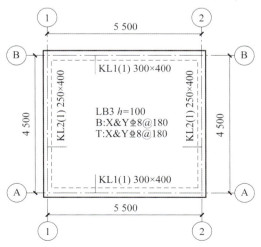

图 4-17 LB3 的平法施工图

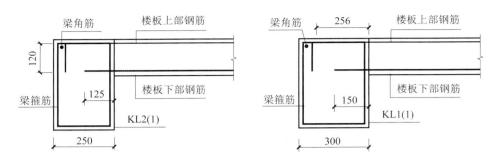

图 4-18 楼板钢筋在端支座的锚固构造

（2）对于梁板式转换层的楼面板，当端支座为梁时，楼板上部钢筋和下部钢筋都伸至梁角筋内侧弯折，弯钩长度为 $15d$；同时，板上部纵筋和下部纵筋保证水平直锚段长度 $\geqslant 0.6l_{abE}$。

16G101-1 图集第 99 页注 7 讲到：楼板上部纵筋在端支座应伸至梁外侧纵筋内侧后弯折 $15d$；当平直段长度 $\geqslant l_{aE}$ 时，可不弯折。

下面我们通过具体工程实例讲解这个问题。

 与实际工程结合

某梁板式转换层的楼面板平法施工图如图 4-19 所示，抗震等级为三级，采用 C40 混凝土。查表得 $l_{aE}=30d=30\times 8\ \text{mm}=240\ \text{mm}<300\ \text{mm}$（框架梁 KL1 的宽度），可采用直锚构造；$l_{aE}=30d=30\times 8\ \text{mm}=240\ \text{mm}<250\ \text{mm}$（框架梁 KL2 的宽度），但是 $250\ \text{mm}-240\ \text{mm}=10\ \text{mm}$，无法满足保护层的厚度要求，需要做弯锚。转换层楼板钢筋在端部支座的锚固构造如图 4-20 所示。

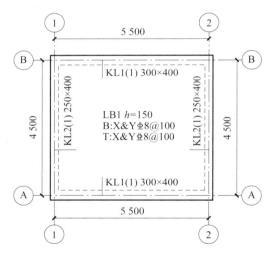

图 4-19 某梁板式转换层的楼面板平法施工图

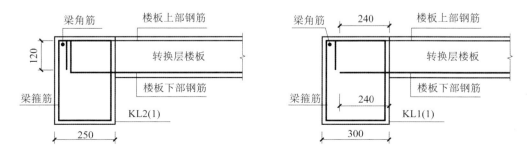

图 4-20 转换层楼板钢筋在端支座的锚固构造

> **讨论** 图集中多次讲到梁板式转换层的楼板,请问什么是梁板式转换层?

【答】 转换层的全称是结构转换层。常见的一种情况是某一楼层的上部和下部采用了不同的结构类型,例如,很多商圈常见的"商住混合结构",下部几层是商场,采用框架结构,上部是住宅,采用剪力墙结构,中间的过渡层就是结构转换层。16G101-1 图集第 96 页框支梁、转换柱的内容讲解的就是这种形式。

然而,更多的情况是某一楼层的上部和下部属于同一类型的结构,例如都是框架结构,但由于不同用途,这一楼层的上部和下部的开间大小差别很大,也会形成结构转换层。

带转换层的结构示意图如图 4-21 所示。

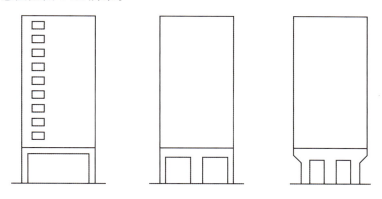

图 4-21 带转换层的结构示意图

2. 楼板中间支座钢筋构造

16G101-1 图集第 99 页的图中,板的中间支座均按照梁绘制,钢筋构造有如下特点。

1) 下部纵筋

(1) 与支座垂直的贯通纵筋:伸入支座 $5d$ 且至少到梁中心线,如图 4-22 所示;梁板式转换层的楼板,下部贯通纵筋在支座的直锚长度为 l_{aE}。

(2) 与支座同向的贯通纵筋,第一根钢筋在距梁边 1/2 板筋间距处开始设置,如图 4-22 所示。

(3) 16G101-1 图集第 99 页注 2 讲到,下部纵筋的连接位置宜在距支座 1/4 净跨内。

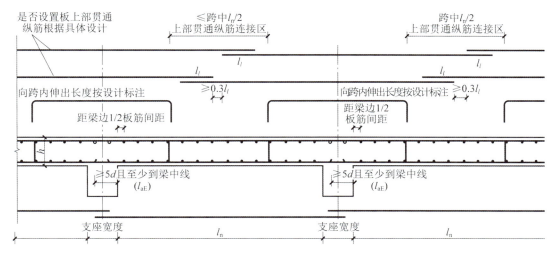

图 4-22 有梁楼盖楼面板和屋面板钢筋构造

2) 上部纵筋

(1) 扣筋(非贯通纵筋,也叫支座负弯矩钢筋)向跨内延伸长度详见结构施工图。

(2) 与支座垂直的贯通纵筋,贯通跨越中间支座,连接区在跨中 1/2 跨度范围之内。当相邻等跨或不等跨的上部贯通纵筋配置不同时,应将配置较大者越过其标注的跨数终点或起点延伸至相邻跨的跨中连接区域连接。

(3) 与支座同向的贯通纵筋,第一根钢筋在距离梁边缘 1/2 板筋间距处开始设置。

3. 楼板钢筋的计算

下面我们通过与实际工程的结合,讲解楼板钢筋下料长度的计算和钢筋根数的计算。

例 4-7　某办公楼采用框架结构,抗震等级为一级,使用 C40 混凝土。局部平法施工图如图 4-23 所示。分别计算楼板 X 向、Y 向上部通长筋、下部通长筋的下料长度和根数。已知梁钢筋的保护层的厚度为 20 mm。

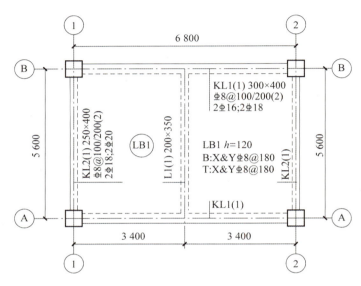

图 4-23　局部平法施工图

【解】　普通楼面板不考虑抗震等级,查表得 $l_a = 29d = 29 \times 8$ mm $= 232$ mm。

(1) X 向通长筋。

楼板左、右两边的支座是 KL2,KL2 的宽度是 250 mm,250 mm$-$232 mm$=$18 mm,18 mm 小于保护层厚度,所以,楼板上部钢筋在 KL2 里面需要做弯锚,如图 4-24 所示。

图 4-24　X 向钢筋的弯锚构造

上部钢筋在 KL2 里面的直锚长度为

$$250 \text{ mm} - 20 \text{ mm}(保护层厚度) - 8 \text{ mm}(箍筋直径) - 18 \text{ mm}(角筋直径) = 204 \text{ mm}$$

弯锚长度为

$$15d = 15 \times 8 \text{ mm} = 120 \text{ mm}$$

X 向上部通长筋的下料长度为

$$6550 \text{ mm} + 2 \times (204 + 120 - 2.29 \times 8) \text{ mm} = 7162 \text{ mm}$$

X 向上部通长筋的布置长度为

$$(5600-300-90-90)\text{ mm}=5120\text{ mm}$$

$$(5120/180+1)\text{根}=30\text{ 根}$$

X 向下部通长筋的下料长度是 6800 mm(梁中心线距离)。

X 向下部通长筋根数同上部通长筋根数,如图 4-25 所示。

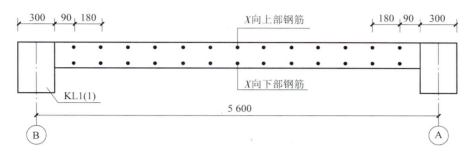

图 4-25　X 向通长筋布置

(2) Y 向通长筋。

楼板上、下两端的支座是 KL1,KL1 的梁宽是 300 mm,$l_a=29d=29\times 8$ mm$=232$ mm<300 mm,且 300 mm-232 mm$=68$ mm,满足梁保护层厚度及箍筋、角筋设置要求,所以楼板上部钢筋在 KL1 里面满足直锚要求,不需要做弯锚,如图 4-26 所示。

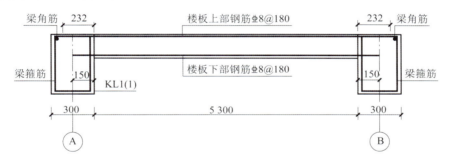

图 4-26　Y 向钢筋的直锚构造

Y 向上部通长筋的下料长度为

$$(5300+2\times 232)\text{ mm}=5764\text{ mm}$$

Y 向下部通长筋的下料长度为 5600 mm(梁中心线距离)。

Y 向上部通长筋半边钢筋布置范围为

$$(3275-100-2\times 90)\text{ mm}=2995\text{ mm}$$

半边根数为

$$(2995/180+1)\text{根}=18\text{ 根}$$

总根数为

$$18\times 2\text{ 根}=36\text{ 根}$$

Y 向下部通长筋根数同 Y 向上部通长筋根数,如图 4-27 所示。

例 4-8　海口市某商场采用框架剪力墙结构,抗震等级为二级,使用 C35 混凝土。屋面板局部平法施工图如图 4-28 所示。分别计算屋面板 X 向、Y 向上部通长筋的下料长度。已知梁、剪力墙的保护层厚度均为 20 mm。屋面板上部钢筋与剪力墙外侧垂直分布钢筋采用搭接连接。

【解】　普通楼面板和屋面板不考虑抗震,查表得 $l_a=32d=32\times 10$ mm$=320$ mm。

X 向上部通长筋在 KL1 里面需要做弯锚,如图 4-29 所示。

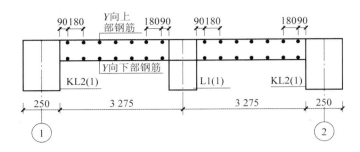

图 4-27 Y 向通长筋布置

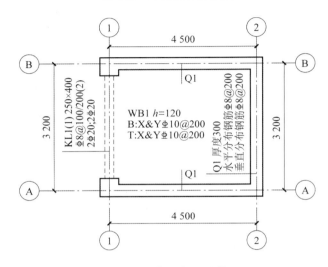

图 4-28 屋面板局部平法施工图

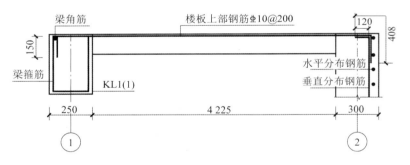

图 4-29 X 向上部通长筋弯锚构造

查表得,不抗震搭接长度为 $l_l=51d=51\times 8$ mm$=408$ mm。

两根不同直径钢筋搭接时,按照较细钢筋的直径计算搭接长度。

楼板上部钢筋在剪力墙里面的长度为

$$(300-20-8-120+408)\text{ mm}=560\text{ mm}$$

楼板上部钢筋在 KL1 里面的锚固长度为

$$(250-20-8-20+150-2.29\times 10)\text{ mm}=330\text{ mm}$$

X 向上部通长筋的下料长度为

$$(4225+330+560)\text{ mm}=5115\text{ mm}$$

Y 向上部通长筋弯锚构造如图 4-30 所示。

楼板上部钢筋在剪力墙里面的长度为

$$(300-20-8-120+408)\text{ mm}=560\text{ mm}$$

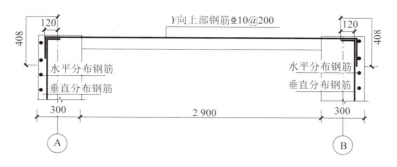

图 4-30 Y 向上部通长筋弯锚构造

Y 向上部通长筋的下料长度为

$$(2900 + 560 \times 2)\ \text{mm} = 4020\ \text{mm}$$

例 4-9 重庆市某小学教学楼采用框架结构,抗震等级为三级,使用 C35 混凝土。楼板的局部平法施工图如图 4-31 所示。分别计算①号扣筋、②号扣筋、③号扣筋的下料长度。梁保护层厚度为 20 mm,楼板保护层厚度为 15 mm。

【解】 普通楼面板和屋面板不参与抗震,查表得 $l_a = 32d$。

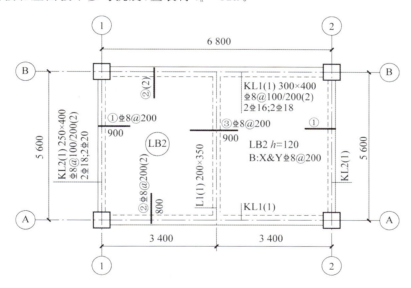

图 4-31 楼板的局部平法施工图

①号扣筋、②号扣筋的构造如图 4-32 所示。

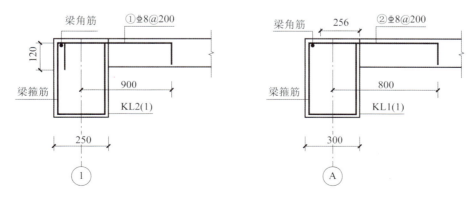

图 4-32 ①号扣筋、②号扣筋的构造

①号扣筋在 KL2 里面的锚固长度为

$$(250-20-8-18+120-2.29\times 8)\,\text{mm}=306\,\text{mm}$$

①号扣筋在楼板里面的长度为

$$(900-125+120-2\times 15-2.29\times 8)\,\text{mm}=847\,\text{mm}$$

①号扣筋的下料长度为

$$(306+847)\,\text{mm}=1153\,\text{mm}$$

②号扣筋在 KL1 里面的锚固长度为

$$32\times 8\,\text{mm}=256\,\text{mm}$$

②号扣筋在楼板里面的长度为

$$(800-150+120-2\times 15-2.29\times 8)\,\text{mm}=722\,\text{mm}$$

②号扣筋的下料长度为

$$(256+722)\,\text{mm}=978\,\text{mm}$$

③号扣筋的构造如图 4-33 所示,其下料长度为

$$[900\times 2+(120-2\times 15)\times 2-2\times 2.29\times 8]\,\text{mm}=1944\,\text{mm}$$

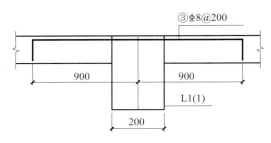

图 4-33 ③号扣筋的构造

4. 楼板分布钢筋构造

16G101-1 图集第 102 页,讲到了抗裂构造钢筋、抗温度钢筋、分布钢筋的构造要求:

(1) 抗裂构造钢筋、抗温度钢筋与受力主筋的搭接长度为 l_l(不抗震搭接长度)。

(2) 楼板上、下贯通纵筋可兼作抗裂构造钢筋和抗温度钢筋。

(3) 分布钢筋与受力主筋、构造钢筋的搭接长度为 150 mm;当分布钢筋兼作抗温度钢筋时,其与受力主筋、构造钢筋的搭接长度为 l_l(不抗震搭接长度);其在支座的锚固按照受拉要求考虑。

实际工程的结构施工图,楼板分布钢筋的说明一般出现在结构设计总说明或者楼板设计说明中。图 4-34 所示是结构设计总说明中关于楼板部分的说明,我们能从中读取很多重要的信息。

五、现浇板配筋
- 凡图中未标注的受力钢筋为⊥8@200,未表示的支座负筋的分布钢筋均采用⊥6@200。负筋长度尺寸从梁边起。
- 板底钢筋锚入梁内至梁中心线,且不小于5d,板面钢筋锚入混凝土梁或墙内La,HPB300级钢筋末端加弯钩。
- 相邻板块面有高差时,支座负筋分成二段: ⌐_⌐ ,未注明时规格间距相同。
- 现浇板跨中有轻质墙时,应在墙底部位的板底放置附加钢筋,若未注明则均放2⊥14。
- 现浇板外墙阳角处设置放射形钢筋,钢筋的数量不少于7⊥10,长度大于板跨的1/3,且不应小于2000mm。
- 檐口伸缩缝及角区加强筋见附图14。檐口平直段长度大于12米设缝,宽10mm,油膏嵌缝。
- 电线管在现浇板中应在上下两层钢筋中穿行,另附加筋见图15。
- 除注明者外楼板洞边长或直径在300~1000之间者,其做法见图16、图17。
- 楼屋面板钢筋排放沿板短跨向在下排,板跨大于3600的现浇板在负筋切断区域附加双向钢筋网⊥6@200。

图 4-34 结构设计总说明中关于楼板部分的说明

例 4-10 某楼板平法施工图如图 4-35 所示,支座负弯矩钢筋的分布钢筋均为⌀6@200。分别计算 X 向、Y 向分布钢筋的下料长度。

【解】 楼板支座负弯矩钢筋、分布钢筋的布置如图 4-36 所示。

X 向分布钢筋的下料长度为

$$(6500-1200-1200+2\times150)\ \text{mm}=4400\ \text{mm}$$

Y 向分布钢筋的下料长度为

$$(5600-1300-1300+2\times150)\ \text{mm}=3300\ \text{mm}$$

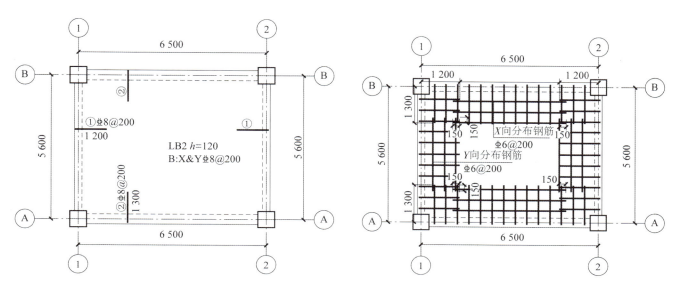

图 4-35 某楼板平法施工图　　　图 4-36 楼板支座负弯矩钢筋、分布钢筋的布置

分布钢筋的剖面图示意如图 4-37 所示。

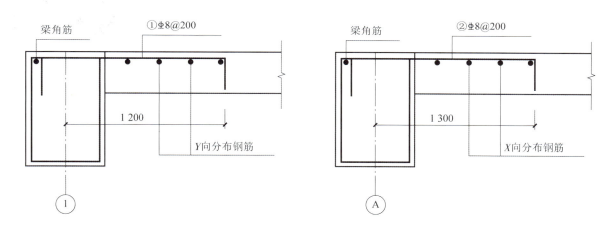

图 4-37 分布钢筋的剖面图示意

例 4-11 楼板平法施工图如图 4-38 所示,在支座负弯矩钢筋截断区域附加双向分布钢筋⌀6@200。分别计算 X 向、Y 向分布钢筋的下料长度。

【解】 支座负弯矩钢筋、分布钢筋布置图如图 4-39 所示。

X 向分布钢筋的下料长度为

$$(6500-1200-1200+2\times150)\ \text{mm}=4400\ \text{mm}$$

Y 向分布钢筋的下料长度为

$$(5600-1300-1300+2\times150)\,\text{mm}=3300\,\text{mm}$$

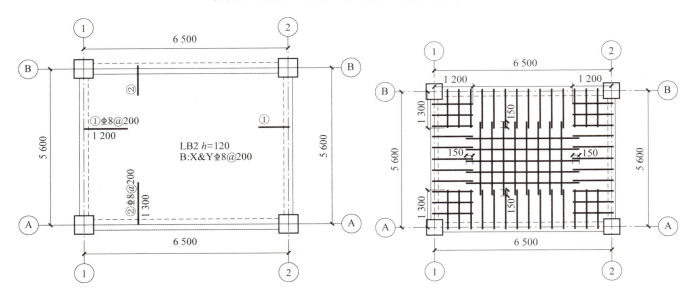

图 4-38 楼板平法施工图　　　　　图 4-39 支座负弯矩钢筋、分布钢筋布置图

例 4-12　上题(例5)中分布钢筋兼作抗温度钢筋。分别计算 X 向、Y 向抗温度钢筋的下料长度。混凝土强度等级为 C30。

【解】 查表得不抗震搭接长度 $l_l=56d=56\times6\,\text{mm}=336\,\text{mm}$。

分布钢筋兼作抗温度钢筋时,支座负弯矩钢筋、分布钢筋布置图如图 4-40 所示。

X 向分布钢筋的下料长度为

$$(6500-1200-1200+2\times336)\,\text{mm}=4772\,\text{mm}$$

Y 向分布钢筋的下料长度为

$$(5600-1300-1300+2\times336)\,\text{mm}=3672\,\text{mm}$$

楼板分布钢筋现场照片如图 4-41 所示。

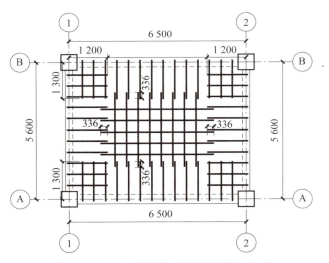

图 4-40 分布钢筋兼作抗温度钢筋时,支座
负弯矩钢筋、分布钢筋布置图

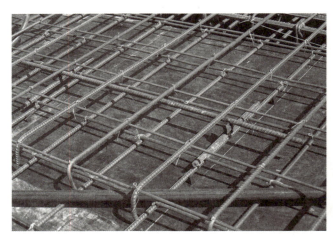

图 4-41 楼板分布钢筋现场照片

任务3　楼板相关构造

1. 后浇带构造

后浇带是在建筑施工中为防止现浇钢筋混凝土结构由于自身收缩不均或沉降不均产生裂缝,按照设计或施工规范要求,在基础底板、墙、梁相应位置留设的混凝土带。

后浇带将结构暂时划分为若干部分,经过构件内部收缩,在若干时间后再浇捣该施工缝混凝土,将结构连成整体。后浇带的浇筑时间宜选择气温较低时,可用浇筑水泥或水泥中掺微量铝粉的混凝土,其强度等级应比构件强度高一级,防止新、老混凝土之间出现裂缝,形成薄弱部位。设置后浇带的部位还应该考虑模板等措施不同的消耗因素。

后浇带的主要作用有两个。

1) 解决沉降差

高层建筑和裙房的结构及基础设计成整体,但在施工时用后浇带把两部分暂时断开,待主体结构施工完毕,已完成大部分沉降量(50%以上)以后再浇灌连接部分的混凝土,将高、低层连成整体。设计时基础应考虑两个阶段不同的受力状态,分别进行荷载校核。连成整体后的计算应当考虑后期沉降差引起的附加内力。这种做法要求地基土较好,房屋的沉降能在施工期间基本完成。我们还可以采取以下调整措施。

① 调压力差。主楼荷载大,采用整体基础降低土压力,减少附加压力;低层部分采用较浅的十字交叉梁基础,增加土压力,使高、低层沉降接近。

② 调时间差。先施工主楼,待其基本建成,沉降基本稳定,再施工裙房,使后期沉降基本相近。

③ 调标高差。经沉降计算,把主楼标高定得稍高,裙房标高定得稍低,预留两者的沉降差,最后使两者实际标高相一致。

2) 减小温度收缩

新浇混凝土在硬结过程中会收缩,已建成的结构受热要膨胀,受冷则收缩。混凝土的硬结收缩大部分将在施工后的1~2个月完成,而温度变化对结构的作用则是长期的。当其变形受到约束时,在结构内部产生温度应力,严重时就会在构件中出现裂缝。在施工中设后浇带,是在过长的建筑物中,每隔30~40米设宽度为700~1000毫米的缝,缝内钢筋采用搭接或直通加弯做法。留出后浇带后,施工过程中混凝土可以自由收缩,从而大大减少了收缩应力。混凝土的抗拉强度可以用来抵抗温度应力,提高结构抵抗温度变化的能力。后浇带保留时间一般不少于一个月,在此期间,收缩变形可完成30%~40%。后浇带的浇筑时间宜选择气温较低(但应为正温度)时,后浇带采用比设计强度等级提高一级的微膨胀混凝土浇灌密实并加强养护,防止新、老混凝土之间出现裂缝,形成薄弱部位。

后浇带的引注。后浇带的平面形状及定位由平面布置图表达,后浇带留筋方式等由引注内容表达。

(1) 后浇带编号及留筋方式代号。16G101-1图集提供了两种留筋方式,分别为贯通和100%搭接。

(2) 后浇混凝土的强度等级为C××,宜采用补偿收缩混凝土。

楼板、剪力墙、梁后浇带钢筋构造如图4-42至图4-47所示。

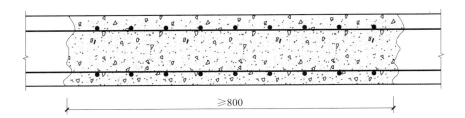

图 4-42　楼板后浇带贯通钢筋构造

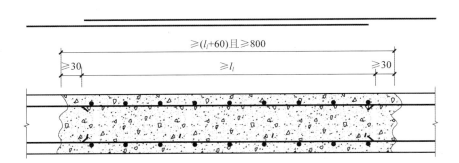

图 4-43　楼板后浇带 100% 搭接钢筋构造

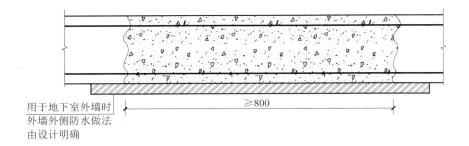

图 4-44　剪力墙后浇带贯通钢筋构造

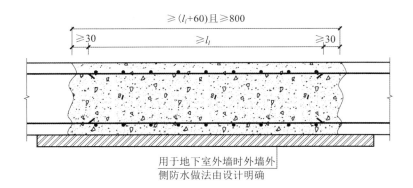

图 4-45　剪力墙后浇带 100% 搭接钢筋构造

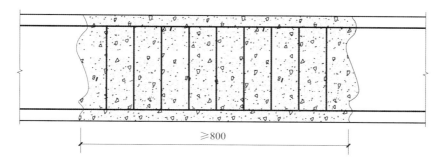

图 4-46 梁后浇带贯通钢筋构造

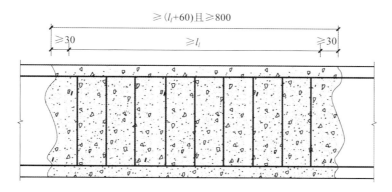

图 4-47 梁后浇带100%搭接钢筋构造

2. 局部升降板构造

局部升降板的板厚、壁厚和配筋,在标准构造详图中与所在板块的板厚和配筋相同时,设计不注写;当采用不同板厚、壁厚和配筋时,设计应补充绘制截面配筋图。局部升降板升高与降低的高度,在标准构造详图中,限定为小于或等于300 mm,当高度大于300 mm时,设计应该补充绘制截面配筋图。局部升降板的下部与上部配筋均为双向贯通纵筋。

局部升降板引注图示及构造如图 4-48 至图 4-52 所示。

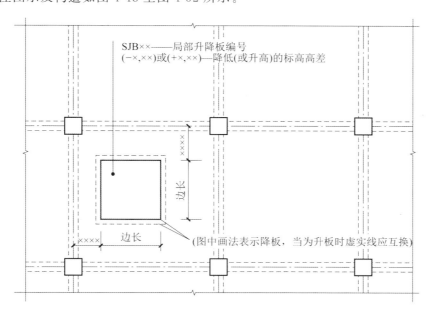

图 4-48 局部升降板引注图示

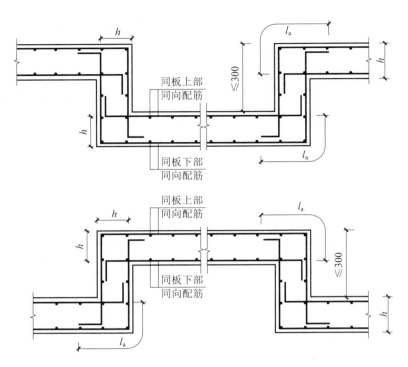

图 4-49 局部升降板构造（一）（板中升降）

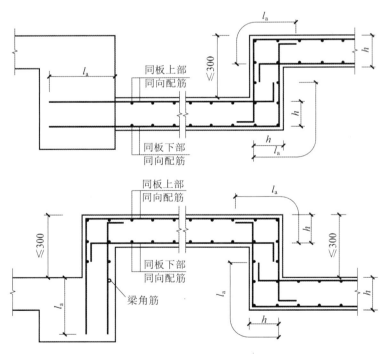

图 4-50 局部升降板构造（二）（侧边为梁）

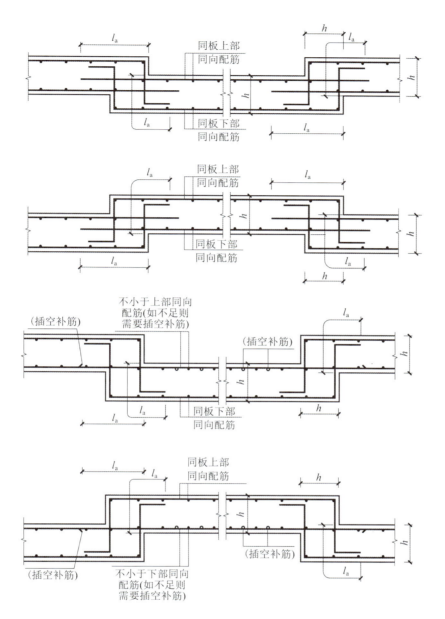

图 4-51 局部升降板构造(三)(板中升降)

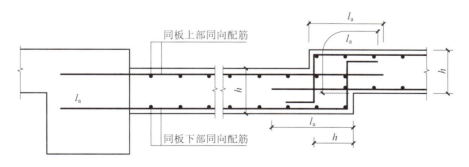

图 4-52 局部升降板构造(四)(侧边为梁)

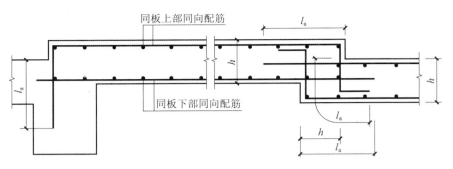

续图 4-52

3. 角部加强筋构造

角部加强筋通常用于板块角区的上部，根据规范规定的受力要求配置。角部加强筋将在其分布范围内取代原配置的板支座上部非贯通纵筋，且当其分布范围内配有板支座上部贯通纵筋时间隔布置。角部加强筋引注图示如图 4-53 所示。

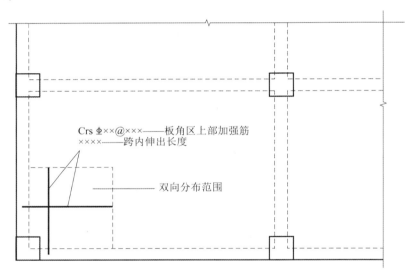

图 4-53 角部加强筋引注图示

4. 悬挑板阴角附加筋构造

悬挑板阴角附加筋指在悬挑板的阴角部位斜放的附加钢筋，该附加钢筋设置在板上部悬挑受力钢筋的下面，如图 4-54 所示。

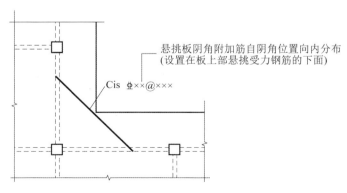

图 4-54 悬挑板阴角附加筋引注图示

5. 悬挑板阳角放射筋构造

悬挑板阳角放射筋指布置在悬挑板的阳角，呈放射状分布的钢筋，如图 4-55 和图 4-56 所示。

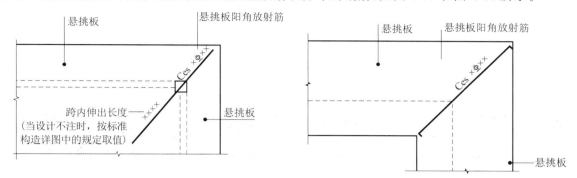

图 4-55 悬挑板阳角放射筋引注图示

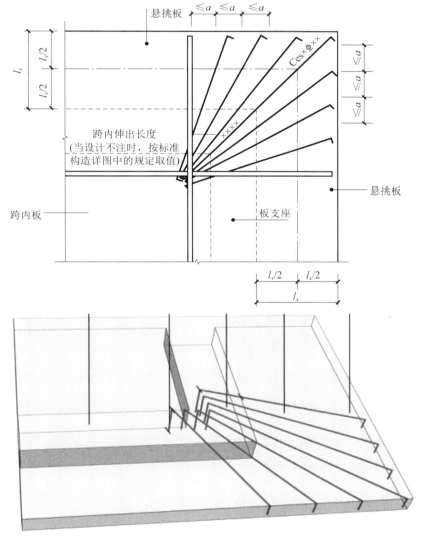

图 4-56 悬挑板阳角放射筋

项目 5 板式楼梯平法识图与钢筋算量

本章内容提要

本章主要介绍非抗震楼梯平法识图与钢筋算量、抗震楼梯平法识图与钢筋算量。

非抗震楼梯平法识图与钢筋算量主要以实际工程的 AT 型楼梯为例,介绍楼梯的识图、梯板下部纵筋、梯板分布钢筋、上表面受力钢筋的计算方法。

抗震楼梯平法识图与钢筋算量主要以实际工程的 ATc 型楼梯为例,介绍楼梯的识图、上部纵筋、下部纵筋、分布钢筋、暗梁纵筋的计算方法。

任务 1 非抗震楼梯平法识图与钢筋算量

16G101-2 图集中的 7 种现浇混凝土非抗震板式楼梯都有各自的梯板钢筋构造图,而且钢筋的构造各不相同,因此,钢筋算量根据工程选定的具体楼梯类别来进行计算。

本节以 AT 型楼梯为例进行计算。

AT 型楼梯平法标注的一般模式如图 5-1 和图 5-2 所示。

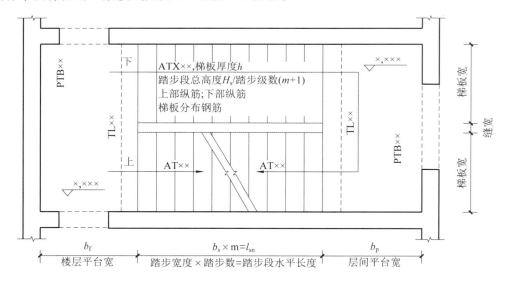

图 5-1 AT 型楼梯平面布置图

1)梯板的基本尺寸数据

梯板的基本尺寸数据包括梯板净跨度 l_n、梯板净宽度 b_n、梯板厚度 h、踏步宽度 b_s、踏步高度 h_s。

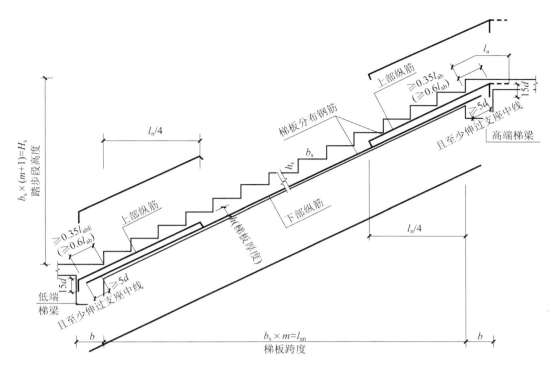

图 5-2　AT 型楼梯剖面布置图

2）梯板钢筋计算中可能用到的系数

梯板钢筋计算中可能用到的系数为斜坡系数 k。

在梯板钢筋计算中，我们经常需要通过水平投影长度计算斜长。

$$斜长＝水平投影长度×斜坡系数\ k$$

斜坡系数 k 可以通过踏步宽度和踏步高度进行计算。

$$斜坡系数\ k=\sqrt{b_s^2+h_s^2}/b_s$$

3）梯板纵向受力钢筋计算

（1）梯板下部纵筋的计算。

梯板下部纵筋位于踏步段斜板的下部，两端分别锚入高端梯梁和低端梯梁，在梯梁里面的锚固长度$\geqslant 5d$，且至少伸过支座中心线，一般来讲，伸过支座中心线都能满足$\geqslant 5d$ 的要求，所以我们按照伸过支座中心线计算。

梯板下部纵筋的长度为

$$L=[l_n+2×(b/2)]×k$$

梯板下部纵筋的根数为

$$(b_n-2×保护层厚度)/间距+1$$

（2）梯板分布钢筋的计算。

$$分布钢筋的长度=b_n-2×保护层厚度$$

（3）梯板低端扣筋（上表面受力钢筋）的计算。

梯板低端扣筋位于踏步段斜板的低端，扣筋的一端扣在踏步段斜板上，直钩（弯锚）长度为 h_1，扣筋的另一端伸至低端梯梁对边再向下弯折 $15d$，扣筋在踏步段里面的水平投影的长度为 $l_n/4$。

根据上述分析，梯板低端扣筋的计算过程为

$$L_1=[l_n/4+(b-保护层厚度)]×k$$
$$L_2=15d$$

$$h_1 = h - 2 \times 保护层厚度$$

梯板低端扣筋的下料长度为

$$L_1 + L_2 + h_1 - 2 \times 2.29d$$

梯板低端扣筋的根数为

$$(b_n - 2 \times 保护层厚度)/间距 + 1$$

(4) 梯板高端扣筋(上表面受力钢筋)的计算。

梯板高端扣筋位于踏步段斜板的高端,扣筋的一端扣在踏步段斜板上,直钩(弯锚)长度为 h_1,扣筋的另一端锚入高端梯梁,弯锚 $15d$,扣筋在踏步段里面的水平投影的长度为 $l_n/4$。

根据上述分析,梯板高端扣筋的计算过程为

$$L_1 = [l_n/4 + (b - 保护层厚度)] \times k$$

$$L_2 = 15d$$

$$h_1 = h - 2 \times 保护层厚度$$

梯板高端扣筋的下料长度为

$$L_1 + L_2 + h_1 - 2 \times 2.29d$$

梯板高端扣筋的根数为

$$(b_n - 2 \times 保护层厚度)/间距 + 1$$

与实际工程结合

下面我们以图 5-3 所示的实际工程的例子展示 AT 型楼梯的钢筋计算过程。

楼梯平面图的集中标注为

$$AT3, h = 120$$
$$1800/12$$
$$\Phi 10@200; \Phi 12@150$$
$$F\Phi 8@250$$

楼梯平面图的尺寸标注:梯板净跨度 $l_n = 280 \times 11$ mm $= 3080$ mm,梯板净宽度 $b_n = 1600$ mm,楼梯井宽度为 150 mm。

混凝土强度等级为 C30,梯梁宽度 $b = 200$ mm。

【解】 楼梯踏步高度为

$$h_s = 1800/12 \text{ mm} = 150 \text{ mm}$$

斜坡系数为

$$k = \sqrt{b_s^2 + h_s^2}/b_s = \sqrt{280^2 + 150^2}/280 = 1.134$$

(1) 梯板下部纵筋的计算。

下部纵筋的水平投影长度为

$$(3080 + 2 \times 100) \text{ mm} = 3280 \text{ mm}$$

下部纵筋的下料长度为

$$3280 \times 1.134 \text{ mm} = 3720 \text{ mm}$$

下部纵筋的根数为

$$(梯板净宽度 - 2 \times 保护层厚度)/间距 + 1 = [(1600 - 2 \times 15)/150 + 1] 根 = 12 根$$

(2) 梯板分布钢筋的长度的计算。

$$梯板净宽度 - 2 \times 保护层厚度 = (1600 - 2 \times 15) \text{ mm} = 1570 \text{ mm}$$

(3) 梯板低端扣筋(上表面受力钢筋)的计算。

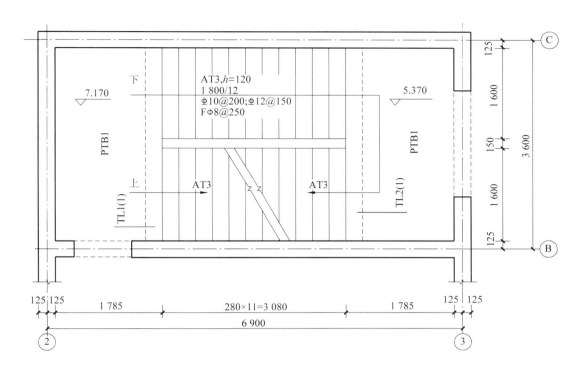

图 5-3 实际工程楼梯平面图

低端扣筋的水平投影长度为

$$l_n/4+b-保护层厚度=(3080/4+200-15)\text{ mm}=955\text{ mm}$$

低端扣筋在低端梯梁里面的弯锚长度为

$$15d=15\times10\text{ mm}=150\text{ mm}$$

低端扣筋在楼板里面的弯钩长度为

$$(120-2\times15)\text{ mm}=90\text{ mm}$$

梯板低端扣筋的下料长度为

$$(955\times1.134+150+90-2\times2.29\times10)\text{ mm}=1277\text{ mm}$$

梯板低端扣筋的根数为

$$(梯板净宽度-2\times保护层厚度)/间距+1=[(1600-2\times15)/200+1]根=9根$$

（4）梯板高端扣筋（上表面受力钢筋）的计算。

高端扣筋的水平投影长度为

$$l_n/4+b-保护层厚度=(3080/4+200-15)\text{ mm}=955\text{ mm}$$

高端扣筋在高端梯梁里面的弯锚长度为

$$15d=15\times10\text{ mm}=150\text{ mm}$$

高端扣筋在楼板里面的弯钩长度为

$$(120-2\times15)\text{ mm}=90\text{ mm}$$

梯板高端扣筋的下料长度为

$$(955\times1.134+150+90-2\times2.29\times10)\text{ mm}=1277\text{ mm}$$

梯板高端扣筋的根数为

$$(梯板净宽度-2\times保护层厚度)/间距+1=[(1600-2\times15)/200+1]根=9根$$

楼梯三维模型图如图 5-4 所示。

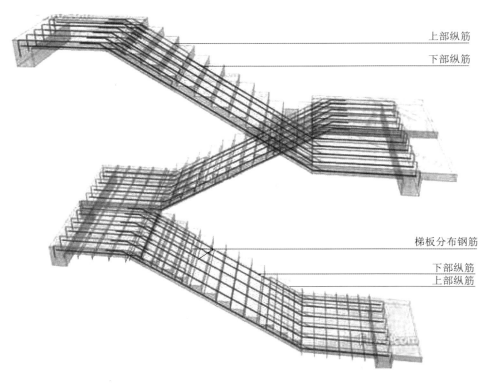

图 5-4　楼梯三维模型图

任务 2　抗震楼梯平法识图与钢筋算量

16G101-2 图集中的 5 种抗震楼梯的梯板构造相差不大,主要区别在梯板下端支座的构造上,有的采用滑动支座,有的采用与支座刚接。

本节以实际工程的 ATc 型楼梯为例,分析梯板钢筋的计算过程。

ATc 型楼梯注写方式及剖面图如图 5-5 至图 5-7 所示。

与实际工程结合

某教学楼采用 ATc 型楼梯,楼梯的标准层平面布置图和局部剖面图如图 5-8 和图 5-9 所示。计算 ATc2 楼梯的配筋。

【解】　ATc2 楼梯的集中标注为

ATc2(楼梯编号)

$h=140$(梯板厚度)

⌀12@150;⌀12@150(上部纵筋;下部纵筋)

F⌀8@200(梯板分布钢筋)

6⌀12(梯板暗梁纵筋)

⌀6@200(梯板暗梁箍筋)

踏步段下方尺寸标注为

280×10=2800(踏步宽度×踏步数=踏步段水平长度)

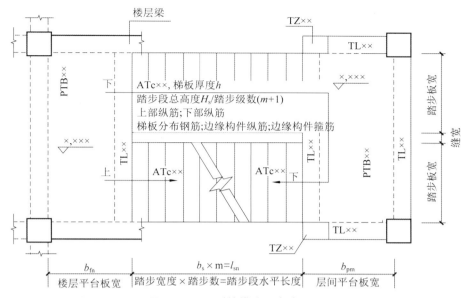

图 5-5 ATc 型楼梯注写方式（一）
（楼梯休息平台与主体结构整体连接）

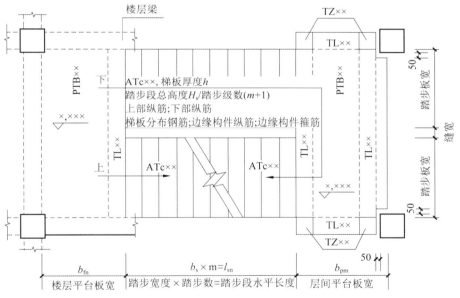

图 5-6 ATc 型楼梯注写方式（二）
（楼梯休息平台与主体结构脱开连接）

踏步段左边尺寸标注为

$$1800/11（踏步段高度/踏步数）$$

梯板净宽尺寸为 1400 mm，楼梯井宽度为 100 mm，梯梁宽度为 250 mm。混凝土强度等级为 C35，抗震等级为二级，l_{aE} 为 $37d$。

斜坡系数为

$$k=\sqrt{b_s^2+h_s^2}/b_s=\sqrt{280^2+164^2}/280=1.159$$

（1）梯板下部纵筋和上部纵筋（①号钢筋）的计算。

①号钢筋在踏步段和低端梯梁里面的水平投影长度为

$$(2800+250-15)\text{ mm}=3035\text{ mm}$$

下部纵筋的下料长度为

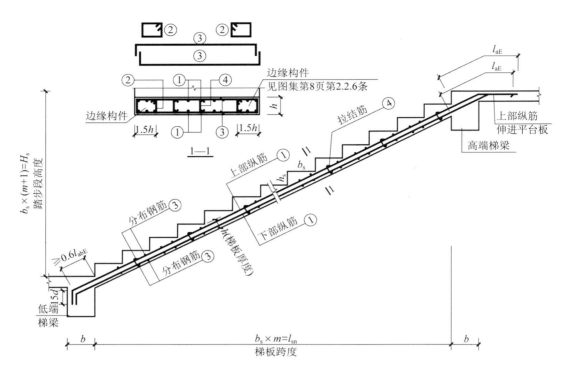

图 5-7 ATc 型楼梯剖面图

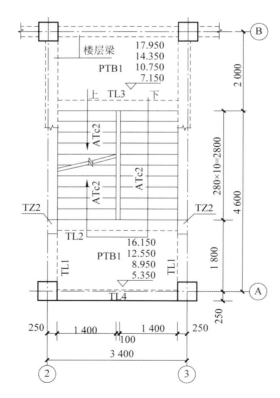

图 5-8 楼梯的标准层平面布置图

$$(3035 \times 1.159 + 15 \times 12 - 2.29 \times 12 + 37 \times 12)\,\text{mm} = 4114\,\text{mm}$$

上部纵筋的下料长度为

$$(3035 \times 1.159 + 15 \times 12 - 2.29 \times 12 + 37 \times 12)\,\text{mm} = 4114\,\text{mm}$$

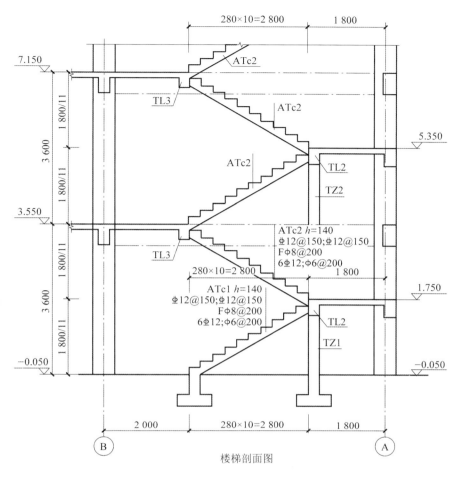

图5-9 楼梯的局部剖面图

下部纵筋布置的范围为

$$(1400-2\times 1.5\times 140)\,\text{mm}=980\,\text{mm}$$

下部纵筋的根数为

$$980/150\,\text{根}=7\,\text{根}$$

上部纵筋布置的范围为

$$(1400-2\times 1.5\times 140)\,\text{mm}=980\,\text{mm}$$

上部纵筋的根数为

$$980/150\,\text{根}=7\,\text{根}$$

(2) 梯板分布钢筋(③号钢筋)的下料长度的计算。

分布钢筋的水平段长度为

$$(1400-2\times 15)\,\text{mm}=1370\,\text{mm}$$

分布钢筋的弯锚长度为

$$(140-2\times 15)\,\text{mm}=110\,\text{mm}$$

分布钢筋的下料长度为

$$(1370+2\times 110-2\times 2.29\times 8)\,\text{mm}=1554\,\text{mm}$$

(3) 梯板暗梁纵筋的计算。

根据梯板的集中标注,每道暗梁纵筋的根数为6根,暗梁纵筋直径为$\Phi 12$,暗梁纵筋在踏步段和低端梯梁里面的水平投影长度为

$$(2800+250-15)\text{mm}=3035\text{ mm}$$

暗梁纵筋的下料长度为

$$(3035\times1.159+15\times12-2.29\times12+37\times12)\text{mm}=4114\text{ mm}$$

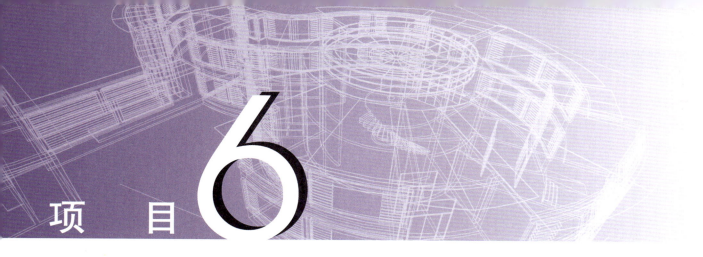

项目 6 基础平法识图与钢筋算量

本章内容提要

本章主要介绍独立基础平法施工图表示方法、条形基础平法施工图表示方法、梁板式筏形基础平板平法施工图表示方法、桩基础平法施工图表示方法、预制桩承台表示方法。

独立基础平法施工图表示方法主要介绍集中标注、原位标注、基础的配筋构造、普通独立基础带短柱构造、双柱独立基础配筋构造。

条形基础平法施工图表示方法主要介绍基础梁的平面注写方式、条形基础底板的平面注写方式。

梁板式筏形基础平板平法施工图表示方法主要是与实际工程相结合,介绍梁板式筏形基础平板的识图,基础梁、基础底板的配筋构造。

桩基础平法施工图表示方法主要是与实际工程相结合,介绍桩基础识图、纵筋、箍筋等构造。

预制桩承台表示方法主要介绍矩形承台、等边三桩承台和六边形承台配筋构造。

任务 1　独立基础平法施工图表示方法

独立基础分为普通独立基础和杯口独立基础,基础底板截面形状分为阶形和坡形,独立基础的编号如表6-1所示。

表 6-1　独立基础的编号

类型	基础底板截面形状	代号	序号
普通独立基础	阶形	DJ_J	××
	坡形	DJ_P	××
杯口独立基础	阶形	BJ_J	××
	坡形	BJ_P	××

1. 普通独立基础

独立基础的平面注写方式,分为集中标注和原位标注。普通独立基础的集中标注,是在基础平面图上集中引注基础编号、截面竖向尺寸、配筋三项必注内容,以及基础底面标高(与基础底面基准标高不同时)和必要的文字注解两项选注内容。素混凝土普通独立基础的集中标注,除无基础配筋内容外均与钢筋混凝土普通独立基础相同。

注写普通独立基础截面竖向尺寸(必注内容),分为阶形独立基础注写和坡形独立基础注写。

(1) 多阶普通独立基础如图6-1所示。当阶形截面普通独立基础 DJ_J×× 的竖向尺寸注写为 400/300/200 时,

表示 $h_1=400, h_2=300, h_3=200$（按照施工顺序，从底部开始注写），基础底板总高度为 900 mm。当基础为更多阶时，各阶尺寸自下而上用"/"分隔。当基础为单阶时，其竖向尺寸仅有一个，即基础总高度，如图 6-2 所示。

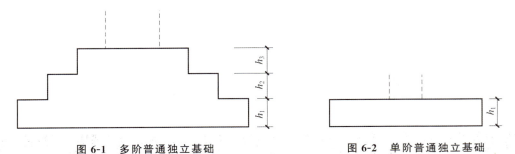

图 6-1　多阶普通独立基础　　　　图 6-2　单阶普通独立基础

（2）当基础为坡形截面时，注写为 h_1/h_2，如图 6-3 所示。当坡形截面普通独立基础 $DJ_P\times\times$ 的竖向尺寸注写为 400/300 时，表示 $h_1=400, h_2=300$（按照施工顺序，自下而上注写），基础底板总高度为 700 mm。

注写独立基础配筋（必注内容），以 B 代表各种独立基础底板的底部配筋，X 向配筋以 X 开头注写，Y 向配筋以 Y 开头注写，当双向配筋相同时，则以 X&Y 开头注写，如图 6-4 所示。

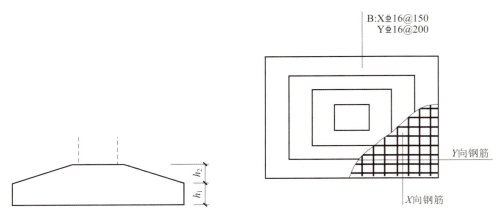

图 6-3　坡形截面普通独立基础　　　　图 6-4　独立基础双向配筋示意

例 6-1　当独立基础底板配筋注写为 B：XΦ16@150，YΦ16@200，表示基础底板底部配置 HRB400 级钢筋，X 向钢筋直径为 16 mm，间距为 150 mm，Y 向钢筋直径为 16 mm，间距为 200 mm。

钢筋混凝土和素混凝土的原位标注，是在基础平面布置图上标注独立基础的平面尺寸，如图 6-5 和图 6-6 所示。相同编号的基础，可选择一个进行原位标注。普通独立基础，原位标注 $x、y、x_c、y_c、x_i、y_i, i=1,2,3\cdots$。其中，$x、y$ 为普通独立基础两向边长，$x_c、y_c$ 为柱截面尺寸，$x_i、y_i$ 为阶宽或坡形平面尺寸。

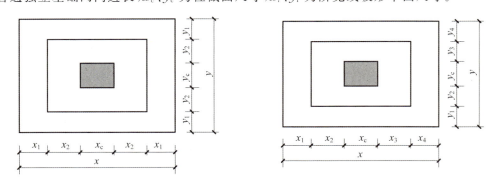

图 6-5　阶形独立基础原位标注

结构施工图平面注写示意如图 6-7 所示。

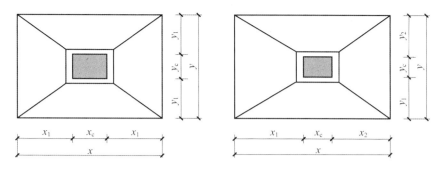

图 6-6 坡形独立基础原位标注

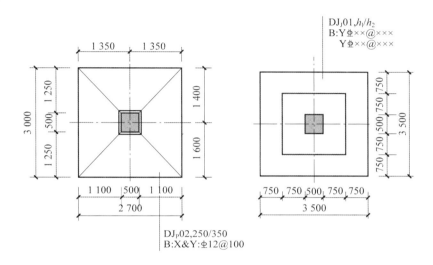

图 6-7 结构施工图平面注写示意

阶形独立基础和坡形独立基础的底板配筋构造如图 6-8 和图 6-9 所示,如果是单柱独立基础,一般在底板设置单层双向的钢筋网片,且双向交叉钢筋长向设置在下,短向设置在上。

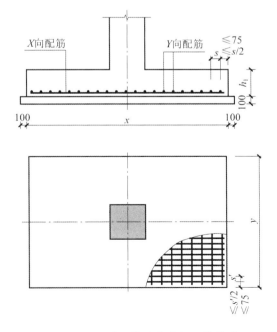

图 6-8 阶形独立基础的底板配筋构造

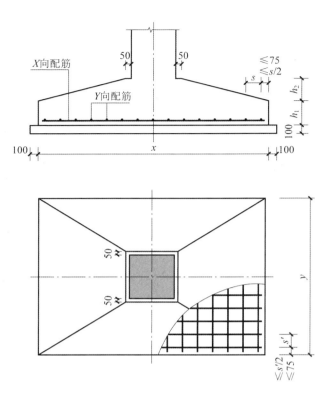

图 6-9 坡形独立基础的底板配筋构造

当对称独立基础底板长度≥2500 mm 时,除外侧钢筋外,底板配筋长度可取相应方向底板长度的 0.9 倍,交错放置,如图 6-10 所示。

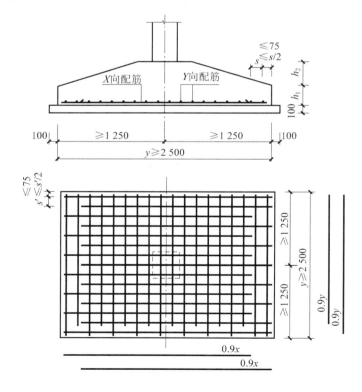

图 6-10 对称独立基础底板配筋长度减短 10% 的构造

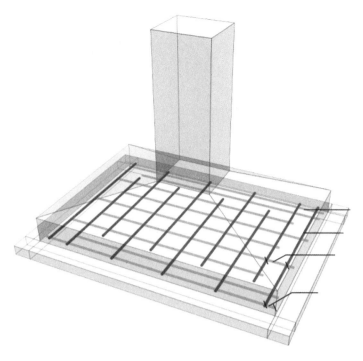

续图 6-10

当非对称独立基础底板长度≥2500 mm,但该基础某侧柱中心至基础底板边缘的距离<1250 mm 时,钢筋在该侧不应减短,如图 6-11 所示。

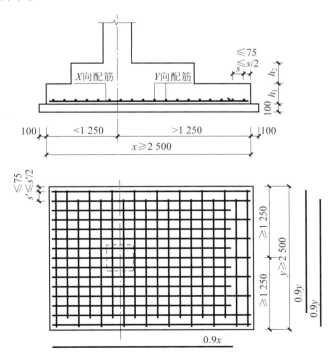

图 6-11 非对称独立基础底板配筋长度减短 10% 的构造

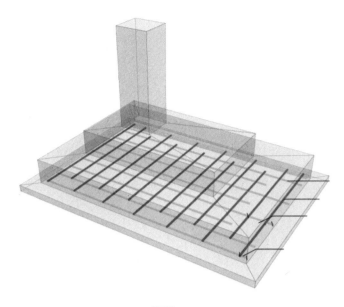

续图 6-11

与实际工程结合

某独立基础厚度为 600 mm，基底配置Φ14@200 单层双向钢筋网片，基底设置 100 mm 厚 C15 素混凝土垫层，每边宽出 100 mm，画出基础的剖面图、基底钢筋布置图。基础平面图如图 6-12 所示。

基础剖面图和基底钢筋布置图如图 6-13 所示。

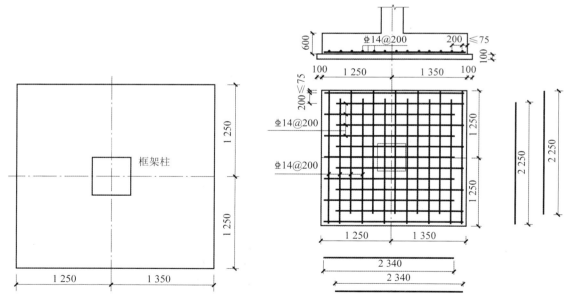

图 6-12 基础平面图　　　　图 6-13 基础剖面图和基底钢筋布置图

易错点分析：独立基础底板双向交叉钢筋长向设置在下，短向设置在上，从剖面图可以看出，基础虽然是非对称独立基础，但是基础某侧柱中心至基础底板边缘的距离并没有小于 1250 mm，所以钢筋交错减短。

施工现场照片如图 6-14 所示。

图 6-14 施工现场照片

"Let me try!"

测试 1. 某独立基础平面图如图 6-15 所示，底板 Y 向钢筋长度示意图正确的是（　　）。

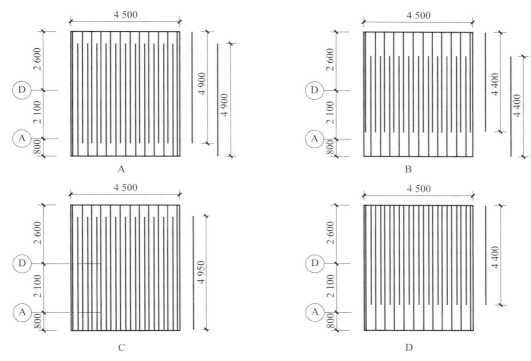

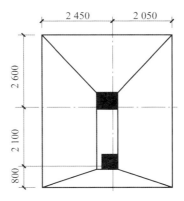

图 6-15 某独立基础平面图

2. 普通独立基础带短柱构造

当独立基础埋深较大,设置短柱时,短柱配筋应注写在独立基础中,具体注写规定如下。

(1) 以 DZ 代表普通独立基础短柱。

(2) 先注写短柱纵筋,再注写箍筋,最后注写短柱标高范围。注写内容:角筋/长边中部钢筋/短边中部钢筋,箍筋,短柱标高范围。当短柱水平截面为正方形时,注写内容:角筋/X 边中部钢筋/Y 边中部钢筋,箍筋,短柱标高范围。

例 6-2 当短柱配筋注写为"DZ 4⌀20/5⌀18/5⌀18 Φ10@100 −2.500~−0.050",表示独立基础的短柱设置在−2.500~−0.050 高度范围内,配置 HRB400 级竖向纵筋和 HPB300 级箍筋,其竖向纵筋为 4⌀20 角筋、5⌀18 X 边中部钢筋、5⌀18 Y 边中部钢筋,其箍筋直径为 10 mm,间距为 100 mm,如图 6-16 所示。

单柱带短柱独立基础配筋构造如图 6-17 所示。带短柱独立基础底板的截面形状可为阶形或坡形,当为坡形截面且坡度较大时,应在坡面上安装顶部模板,以确保混凝土能够浇筑成型,振捣密实。

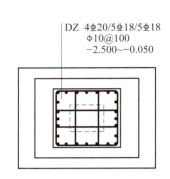

图 6-16 独立基础短柱配筋示意

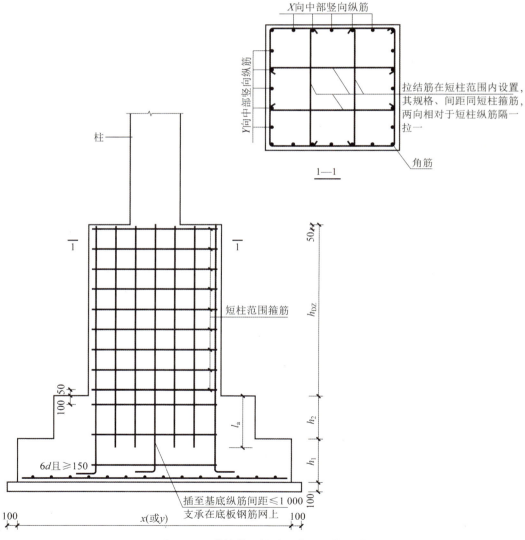

图 6-17 单柱带短柱独立基础配筋构造

3. 双柱独立基础配筋构造

当基础为双柱独立基础且柱距较小时,通常仅配置基础底部钢筋;当柱距较大时,除基础底部钢筋外,尚需在两柱间配置基础顶部钢筋或设置基础梁。双柱独立基础顶部配筋和基础梁的注写方法如下。

(1)注写双柱独立基础底板顶部配筋。双柱独立基础底板顶部配筋,通常对称分布在双柱中心线两侧,以大写字母"T"开头,注写为双柱间纵向受力钢筋/分布钢筋。当纵向受力钢筋在基础底板顶面非满布时,应注明其总根数。

例 6-3　T:9⊕18@100/Φ10@200 表示双柱独立基础底板顶部配置 HRB400 级纵向受力钢筋,直径为⊕18,设置 9 根,间距为 100 mm;分布钢筋为 HPB300 级,直径为 10 mm,间距为 200 mm,如图 6-18 所示。

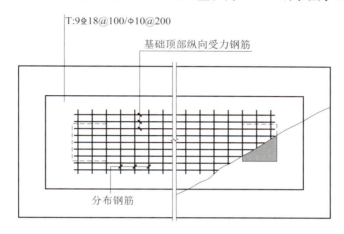

图 6-18　双柱独立基础底板顶部配筋示意

(2)注写双柱独立基础的基础梁配筋。当双柱独立基础为基础底板与基础梁相结合时,设计者应注写基础梁的编号、几何尺寸和配筋,如图 6-19 所示。例如 JL××(1)表示该基础梁为 1 跨,两端无外伸;JL××(1A)表示该基础梁为 1 跨,一端有外伸;JL××(1B)表示该基础梁为 1 跨,两端有外伸。通常情况下,双柱独立基础宜采用端部有外伸的基础梁,基础底板则采用受力明确、构造简单的单向受力钢筋与分布钢筋。基础梁宽度宜比柱截面宽不小于 100 mm(每边不小于 50 mm)。

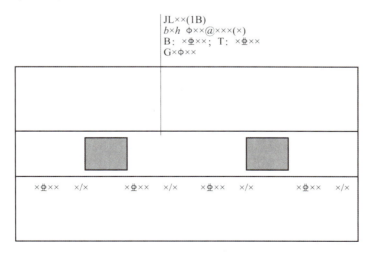

图 6-19　双柱独立基础的基础梁配筋注写示意

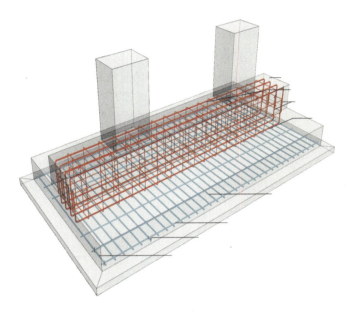

续图 6-19

实际工程双柱独立基础施工图如图 6-20 所示。

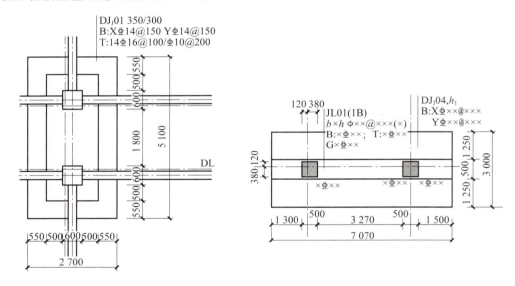

图 6-20 实际工程双柱独立基础施工图

双柱普通独立基础配筋构造如图 6-21 所示。

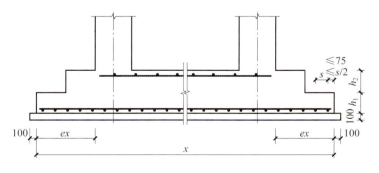

图 6-21 双柱普通独立基础配筋构造

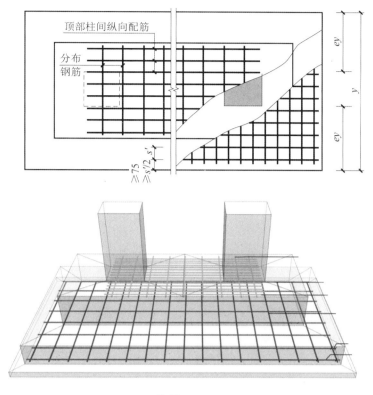

续图 6-21

任务 2　条形基础平法施工图表示方法

条形基础整体上分为两类。

（1）梁板式条形基础。该类条形基础适用于钢筋混凝土框架结构、框架剪力墙结构、部分框支剪力墙结构和钢结构。平法施工图将梁板式条形基础分解为基础梁和条形基础底板分别进行表达。

（2）板式条形基础。该类条形基础适用于钢筋混凝土剪力墙结构和砌体结构。平法施工图仅表达条形基础底板。

条形基础编号分为基础梁和条形基础底板编号，如表 6-2 所示。

表 6-2　基础梁及条形底板编号

类型		代号	序号	跨数及有无外伸
基础梁		JL	××	（××）端部无外伸
条形基础底板	坡形	TJB_P	××	（××A）一端有外伸
	阶形	TJB_J	××	（××B）两端有外伸

1. 基础梁的平面注写方式

基础梁 JL 的平面注写方式，分为集中标注和原位标注，当集中标注的某项数值不适用于基础梁的某部位时，则将该项数值采用原位标注，施工时，原位标注优先。基础梁的集中标注，内容为基础梁编号、截面尺寸、配筋三项必注内容，以及基础梁底面标高（与基础底面基准标高不同时）和必要的文字注解两项选注内容。

1) 基础梁集中标注注意事项

基础梁的箍筋,当具体设计仅采用一种箍筋间距时,注写钢筋级别、直径、间距和肢数;当具体设计采用两种箍筋时,用"/"分隔不同箍筋,按照从基础梁两端向跨中的顺序注写,先注写第 1 段箍筋(在前面加注箍筋道数),再在斜线后注写第 2 段箍筋(不再加注箍筋道数)。

例 6-4　9⌀16@100/⌀16@200(6)表示配置两种间距的 HRB400 级箍筋,直径为 16 mm,从梁两端起向跨内按照箍筋间距 100 mm 每端各设置 9 道,梁其余部位的箍筋间距为 200 mm,均为 6 肢箍。

施工时应该注意,两向基础梁相交的柱下区域,应有一向截面较高的基础梁箍筋贯通设置,当两向基础梁高度相同时,应选一向基础梁箍筋贯通设置。

对于基础梁底部、顶部及侧面纵向钢筋,有以下要求。

(1) 以 B 开头,注写梁底部贯通纵筋(不应少于梁底部受力钢筋总截面面积的 1/3)。当跨中所注根数少于箍筋肢数时,设计者需要在跨中增设梁底部架立筋以固定箍筋,采用"+"将贯通纵筋与架立筋相连,架立筋注写在"+"后面的括号内。

(2) 以 T 开头,注写梁顶部贯通纵筋,注写时用分号将底部与顶部贯通纵筋分隔开。

(3) 当梁底部或顶部贯通纵筋多于一排时,用"/"将各排纵筋自上而下分开。

例 6-5　B:4⌀25;T:12⌀25 7/5 表示梁底部配置的贯通纵筋为 4⌀25;梁顶部配置的贯通纵筋上一排为 7⌀25,下一排为 5⌀25,共 12⌀25。

(4) 以大写字母 G 开头注写梁两侧面对称设置的纵向钢筋的总配筋值(当梁腹板高度 h_w 不小于 450 mm 时,根据需要配置)。

例 6-6　G8⌀14 表示梁每个侧面配置纵向钢筋 4⌀14,共配置 8⌀14。

当需要配置抗扭纵向钢筋时,梁每个侧面设置的抗扭纵向钢筋以 N 开头。

例 6-7　N8⌀16 表示梁的两个侧面共配置 8⌀16 的纵向抗扭钢筋,沿截面周边均匀对称设置。

① 当为梁侧面纵向钢筋(G 开头)时,其搭接与锚固长度可取 15d。

② 当为梁侧面受扭纵向钢筋时(N 开头),其锚固长度为 l_a,搭接长度为 l_l(不抗震搭接长度),其锚固方式同基础梁上部纵筋。

2) 基础梁原位标注注意事项

(1) 基础梁支座的底部纵筋,是包含贯通纵筋与非贯通纵筋在内的所有纵筋:

① 当底部纵筋多于一排时,用"/"将各排纵筋自上而下分开;

② 当同排纵筋有两种直径时,用"+"将两种直径的纵筋相连;

③ 当梁支座两边的底部纵筋配置不同时,需在支座两边分别标注,当梁支座两边的底部纵筋配置相同时,可仅在支座一边标注;

④ 当梁支座底部全部纵筋与集中标注过的底部贯通纵筋相同时,可不再重复做原位标注。

(2) 原位标注基础梁的附加箍筋或(反扣)吊筋。当两向基础梁十字交叉,但交叉位置无柱时,设计者应根据需要设置附加箍筋或(反扣)吊筋。

2. 条形基础底板的平面注写方式

条形基础底板 TJB_P、TJB_J 的平面注写方式,分集中标注和原位标注。集中标注的内容为条形基础底板编号、截面竖向尺寸和配筋三项必注内容,以及底板底面标高(与基础底面基准标高不同时)、必要的文字注解两项选注内容。

当条形基础底板为坡形截面时,注写为 h_1/h_2,如图 6-22 所示。

例 6-8　当条形基础底板为坡形截面 TJB_P××,其截面竖向尺寸注写为 300/250 时,表示 h_1 = 300 mm,h_2 = 250 mm,基础底板根部总高度为 550 mm。

当条形基础底板为阶形截面时,注写为 h_1,如图 6-23 所示。

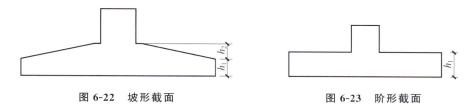

图 6-22　坡形截面　　　　　　　　图 6-23　阶形截面

例 6-9　当条形基础底板为阶形截面 TJB$_J$××,其截面竖向尺寸注写为 300 时,表示 $h_1=300$ mm,即基础底板总高度。

注写条形基础底板底部及顶部配筋:以 B 开头,注写条形基础底板底部的横向受力钢筋;以 T 开头,注写条形基础底板顶部的横向受力钢筋;注写时,用"/"分隔条形基础底板的横向受力钢筋与分布钢筋。

例 6-10　当条形基础底板配筋标注为 B:Φ14@150/Φ8@250,表示条形基础底板底部配置 HRB400 级横向受力钢筋,直径为 14 mm,间距为 150 mm,配置 HPB300 级分布钢筋,直径为 8 mm,间距为 250 mm,如图 6-24 所示。

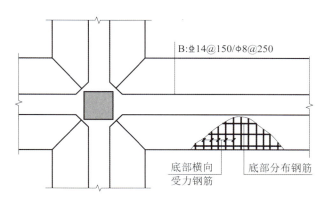

图 6-24　条形基础底板底部配筋示意

例 6-11　当为双梁(或双墙)条形基础底板时,设计者除在底板底部配置钢筋外,一般尚需在两根梁或两道墙之间的底板顶部配置钢筋,其中横向受力钢筋的锚固长度 l_a 从梁的内边缘(或墙的内边缘)起算,如图 6-25 所示。

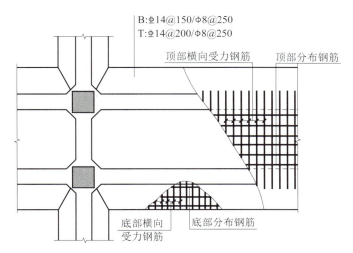

图 6-25　双梁条形基础底板配筋示意

与实际工程结合

图 6-26 所示为实际工程条形基础平法施工图,混凝土强度等级为 C30,抗震等级是三级。完成下列练习题。

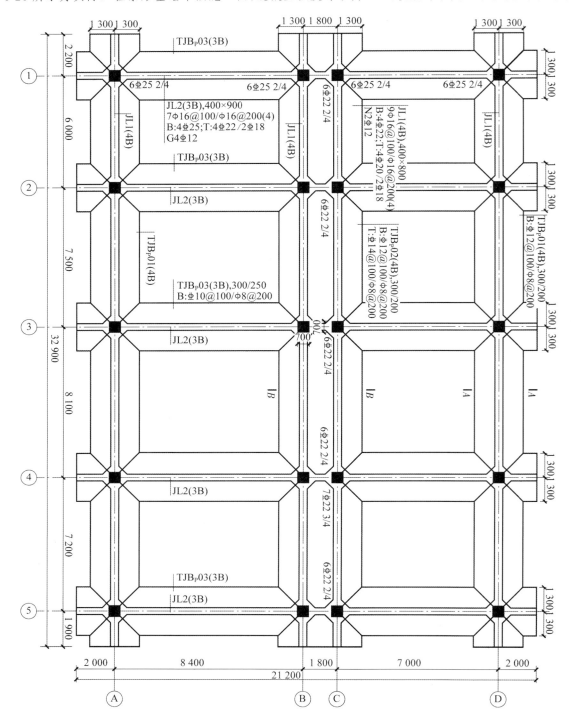

图 6-26 实际工程条形基础平法施工图

1. B 轴/3 轴位置,箍筋贯通设置的基础梁是(   )。
2. JL2 腰筋的搭接长度是(   ),锚固长度是(   )。
3. JL1 腰筋的搭接长度是(   ),锚固长度是(   )。搭接接头的百分率是 50%。

4. JL1 腰筋的锚固方式同基础梁下部纵筋。（判断题）
5. TJB_P 02 上部受力钢筋的下料长度是（　　）。
6. 画出 A—A 剖面图，画出 B—B 剖面图。

任务3　梁板式筏形基础平板平法施工图表示方法

梁板式筏形基础平板（LPB）的平面注写，分为集中标注与原位标注。LPB 贯通纵筋的集中标注，应在所表达的板区双向均为第一跨（X 向与 Y 向双向首跨）的板上引出。

注写基础平板的底部与顶部贯通纵筋及其跨数、外伸情况：先注写 X 向底部贯通纵筋（B 开头）与顶部贯通纵筋（T 开头）及其纵向长度范围；再注写 Y 向底部贯通纵筋（B 开头）与顶部贯通纵筋（T 开头）及其跨数、外伸情况。

贯通纵筋的跨数、外伸情况注写在括号中，注写方式为跨数及有无外伸，其表达形式为××（无外伸）、××A（一端有外伸）和××B（两端有外伸）。

例 6-12　X：B⌀22@150；T⌀20@150；(5B) 表示基础平板 X 向底部配置⌀22 间距为 150 mm 的贯通纵筋，顶部配置⌀20 间距为 150 mm 的贯通纵筋，共 5 跨，两端有外伸；Y：B⌀20@200；T⌀18@200；(7A) 表示 Y 向底部配置⌀20 间距为 200 mm 的贯通纵筋，顶部配置⌀18 间距为 200 mm 的贯通纵筋，共 7 跨，一端有外伸。

当贯通纵筋采用两种规格钢筋"隔一布一"的方式时，表达方式为 Φxx/yy@××，表示直径 xx 的钢筋和直径 yy 的钢筋之间的间距为××，直径 xx 的钢筋、直径 yy 的钢筋间距分别为××的 2 倍。

例 6-13　⌀10/⌀12@100 表示贯通纵筋为⌀10、⌀12"隔一布一"，相邻⌀10 与⌀12 之间的距离为 100 mm。两根相邻⌀10 的间距为 200 mm，两根相邻⌀12 的间距为 200 mm。

梁板式筏形基础平板的原位标注，主要表达板底部附加非贯通纵筋的信息，应在配置相同跨的第一跨表达。板底部附加非贯通纵筋自支座中线向两边跨内的伸出长度值注写在线段的下方位置。当该钢筋向两侧对称伸出时，可仅在一侧标注，另一侧不标注；当布置在边梁下时，向基础平板外伸部位一侧的伸出长度与方式按照标准构造要求，设计时不标注。横向连续布置的跨数及是否布置到外伸部位，不受集中标注贯通纵筋的板区限制。

例 6-14　在基础平板第一跨原位标注底部附加非贯通纵筋⌀18@300(4A)，表示在第一跨至第四跨板及基础梁外伸部位横向配置⌀18@300 底部附加非贯通纵筋。伸出长度值略。

原位标注的底部附加非贯通纵筋与集中标注的底部贯通纵筋，宜采用"隔一布一"的方式布置，即基础平板（X 向或 Y 向）底部附加非贯通纵筋与贯通纵筋间隔布置，其标注间距与底部贯通纵筋相同（两者实际组合后的间距为各自标注间距的 1/2）。

例 6-15　原位标注的基础平板底部附加非贯通纵筋为⑤⌀22@300(3)，该 3 跨范围集中标注的底部贯通纵筋为 B⌀22@300，在该 3 跨支座处实际横向设置的底部纵筋合计为⌀22@150。其他与⑤号钢筋相同的底部附加非贯通纵筋可仅注写编号⑤。

例 6-16　原位标注的基础平板底部附加非贯通纵筋为②⌀25@300(4)，该 4 跨范围集中标注的底部贯通纵筋为 B⌀22@300，表示该 4 跨支座处实际横向设置的底部纵筋为⌀25 和⌀22 间隔布置，相邻⌀25 和⌀22 之间的距离为 150 mm。

与实际工程结合

识读图 6-27 所示的实际工程梁板式筏形基础基础梁平面布置图和图 6-28 所示的实际工程梁板式筏形基础平板平面布置图，完成下列练习。（混凝土强度等级为 C30，基础平板板顶标高为 -1.200 米，抗震等级为四级）

1. 在 3 轴/B 轴位置，JL1 箍筋贯通设置。（判断题）
2. JL2 侧面纵向钢筋搭接长度是 l_l，锚固长度是 15d。（判断题）

3. JL1侧面纵向受扭钢筋,锚固长度是( ),锚固方式同基础梁( )(上部或者下部)纵筋。
4. JL1梁顶标高是( ),JCL1梁顶标高是( )。
5. 梁板式筏形基础平板布置图LPB集中标注中,两个"?"分别填写( ),( )。
6. 在2轴线上,A~B轴,板底钢筋的间距是( ),悬挑部位板底钢筋的间距是( )。
7. 在B轴线上,1~2轴,板底钢筋的间距是( ),悬挑部位板底钢筋的间距是( )。
8. ⓐ号附加钢筋的水平投影长度是( ),ⓑ号附加钢筋的水平投影长度是( )。
9. 2轴位置,X向的柱下区域,LPB顶部贯通纵筋连接区是( )mm。
10. X向的基础次梁位置,LPB顶部贯通纵筋连接区是( )mm。
11. 画出附加箍筋大样,如图6-29所示。
12. 画出反扣吊筋大样,如图6-30所示。
13. 画出JL2两个悬挑端的大样,如图6-31和图6-32所示。
14. 画出A—A剖面图,画出B—B剖面图,如图6-33和图6-34所示。
15. 画出C—C剖面图,板底高差坡度为45°,如图6-35所示。

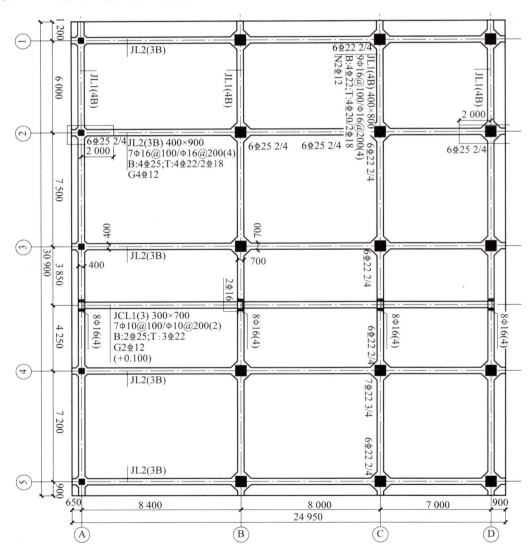

图6-27 实际工程梁板式筏形基础基础梁平面布置图

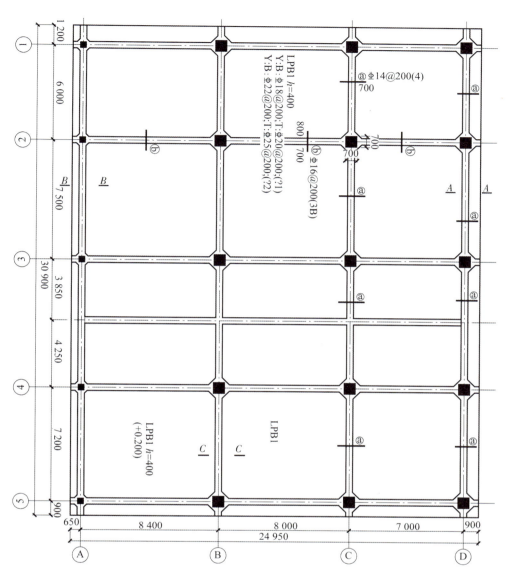

图 6-28 实际工程梁板式筏形基础平板平面布置图

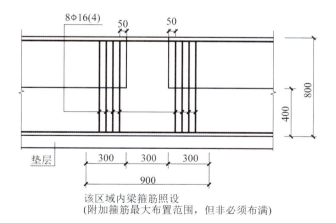

图 6-29 附加箍筋大样

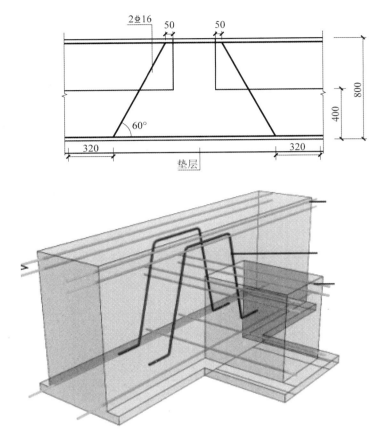

图 6-30　反扣吊筋大样

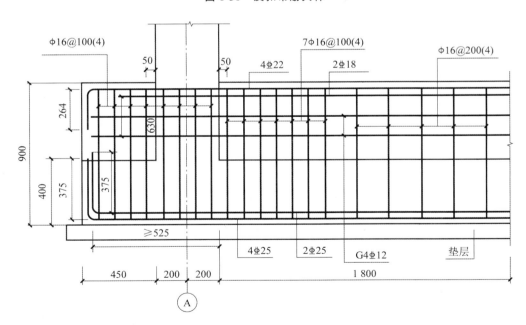

图 6-31　JL2 左端悬挑大样

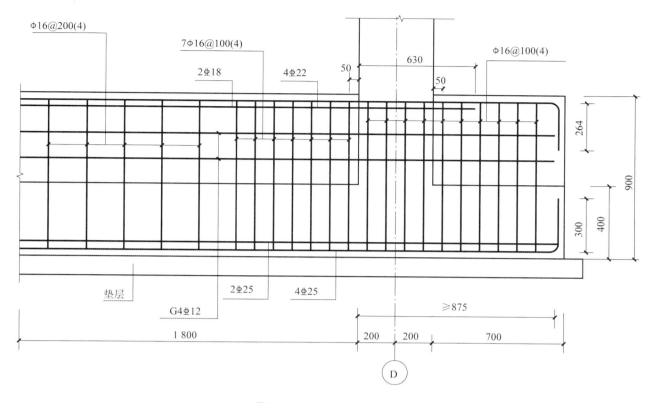

图 6-32 JL2 左端悬挑大样

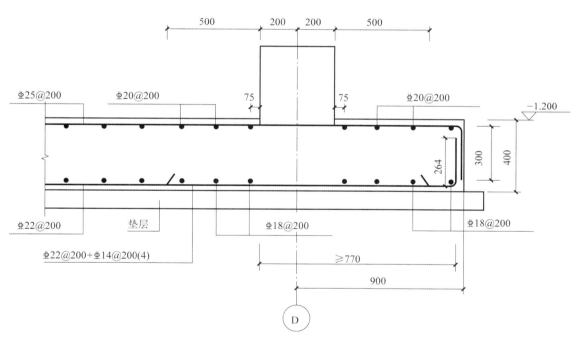

图 6-33 A—A 剖面图

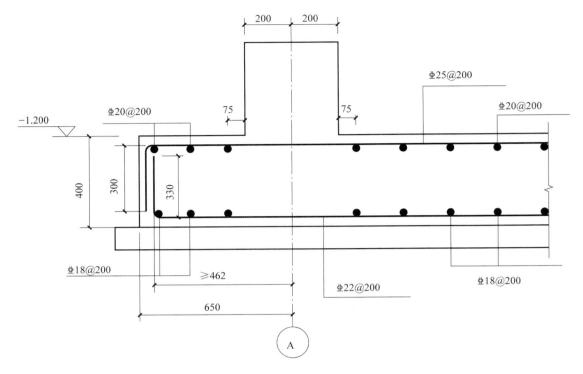

图 6-34 B—B 剖面图

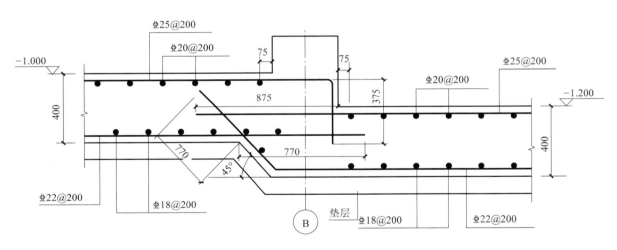

图 6-35 C—C 剖面图

与实际工程结合

识读图 6-36 所示的实际工程平板式筏形基础平面布置图,基础平板板顶标高为 —0.500 米,混凝土强度等级为 C30,结构抗震等级为三级。完成下列练习题。

1. 画出筏形基础端部构造 A—A 剖面图,如图 6-37 所示。
2. 画出筏形基础端部构造 B—B 剖面图,如图 6-38 所示。
3. 画出 U 形钢筋构造封边大样,如图 6-39 所示,U 形钢筋采用⌀12@200。
4. 画出纵筋弯钩交错封边大样,如图 6-40 所示。
5. 画出 C—C 剖面图,示意墙身竖向分布钢筋、水平分布钢筋、拉结筋在基础中的构造,不用绘制基础钢筋,分里排钢筋和外排钢筋两种情况,画出竖向分布钢筋、水平分布钢筋立面图,如图 6-41 所示。

6. 画出 D—D 剖面图、E—E 剖面图,画出基础内部箍筋大样图,如图 6-42 所示。

如果基础厚度改成 700 mm,重新绘制 D—D 剖面图、E—E 剖面图及基础内部箍筋大样图,如图 6-43 所示。

7. 当筏形基础的厚度大于(　　)米时,中间设置双向钢筋网片。

8. 筏形基础中间层钢筋是构造钢筋,其连接要求与筏板上部钢筋或者下部钢筋不同。(判断题)

9. 筏形基础中间层双向钢筋网,直径不宜小于(　　)mm,间距不宜大于(　　)mm。

10. 板底高差坡度可为(　　)度或者(　　)度。

11. 顶部纵筋和底部纵筋应有不少于 1/3 贯通全跨。(判断题)

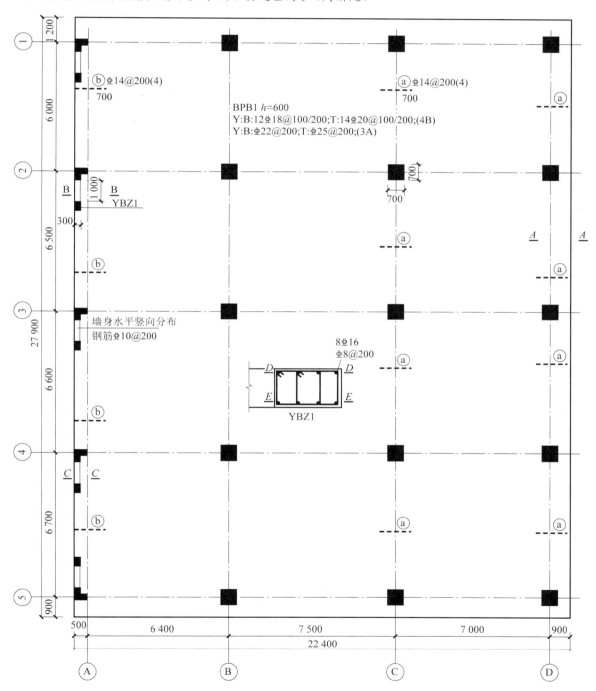

图 6-36　实际工程平板式筏形基础平面布置图

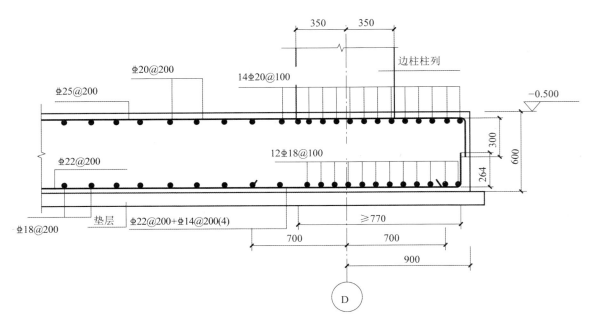

图 6-37 筏形基础端部构造 A—A 剖面图

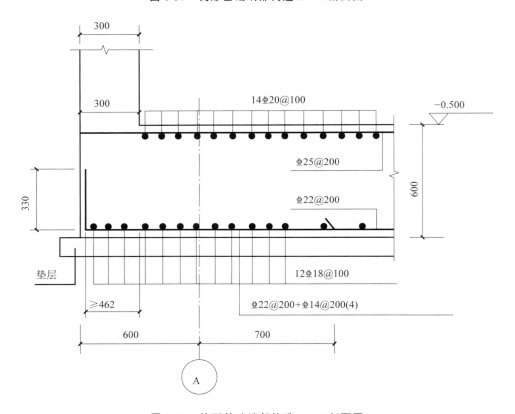

图 6-38 筏形基础端部构造 B—B 剖面图

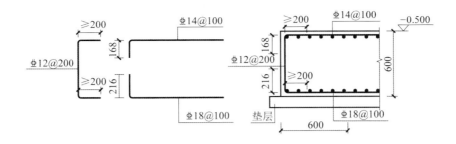

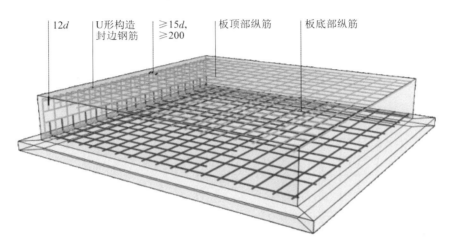

图 6-39 U 形钢筋构造封边大样

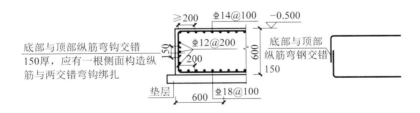

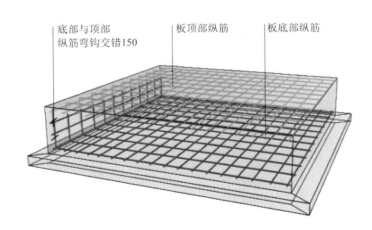

图 6-40 纵筋弯钩交错封边大样

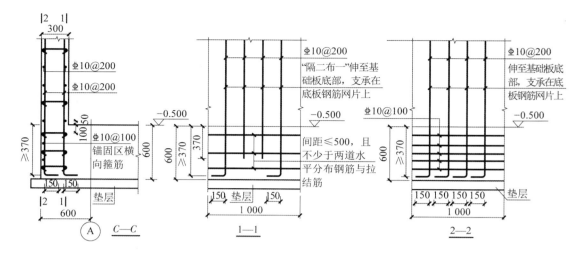

图 6-41 C—C 剖面构造图

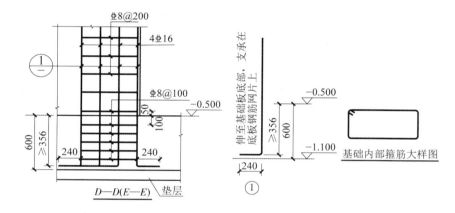

图 6-42 基础厚度为 600 mm 时 D—D(E—E) 剖面图及基础内部箍筋大样图

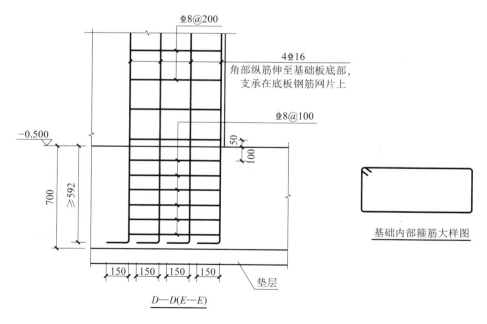

图 6-43 基础厚度为 700 mm 时 D—D(E—E) 剖面图及基础内部箍筋大样图

任务 4　桩基础平法施工图表示方法

与实际工程结合

某办公楼是四层框架结构，抗震等级是三级，采用 C30 混凝土。采用机械旋挖桩基础。识读图 6-44 所示的实际工程桩基础施工图，完成下列练习题。桩基础三维立体图如图 6-45 所示。

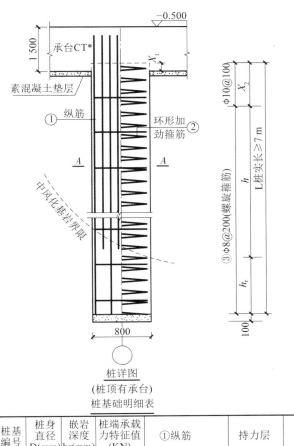

桩基础明细表

桩基编号	桩身直径 D(mm)	嵌岩深度 h_r(mm)	桩端承载力特征值(KN)	①纵筋	持力层	备注
ZH-1	800	800	1 804	6Φ12+6Φ10/4 000	中风化砂岩	混凝土C50

图 6-44　实际工程桩基础施工图

1. 桩顶进入承台的高度 X_1 = (　　　)。
2. 桩上端箍筋加密区高度 X_2 = (　　　)。
3. 环形加劲箍筋的间距是(　　　)。
4. 桩顶部第一道箍筋距离桩上端(　　　)mm。
5. 螺旋箍筋开始和结束位置应该有水平段，长度不小于(　　　)。
6. 螺旋箍筋在上端开始的位置设置弯钩，钩住纵向钢筋，弯钩的角度是(　　　)，弯钩的水平段长度是(　　　)。
7. 螺旋箍筋在下端结束的位置设置弯钩，钩住纵向钢筋，弯钩的角度是(　　　)，弯钩的水平段长度是(　　　)。
8. 本工程桩基础采用Φ10和Φ8两种螺旋箍筋，两种钢筋如果采用搭接，按照100%搭接接头百分率，搭接长度是（   ）。

9.纵筋中非通长筋的下料长度是（   ）。

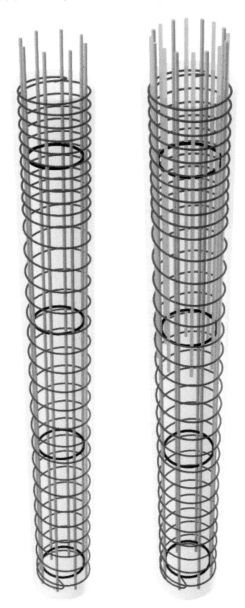

图 6-45　桩基础三维立体图

任务 5　预制桩承台表示方法

我们结合 16G101-3 图集的内容，用立体化的三维图讲解预制桩承台构造，如图 6-46 至图 6-51 所示。

基础平法识图与钢筋算量

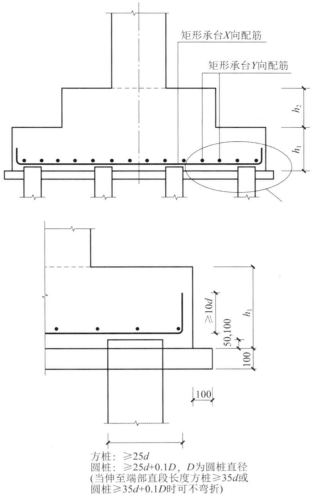

图 6-46　矩形承台配筋构造

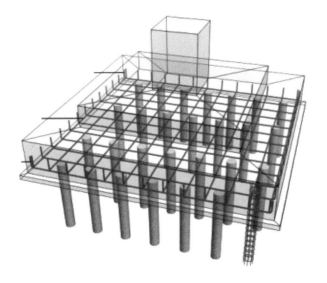

图 6-47　矩形承台三维立体图

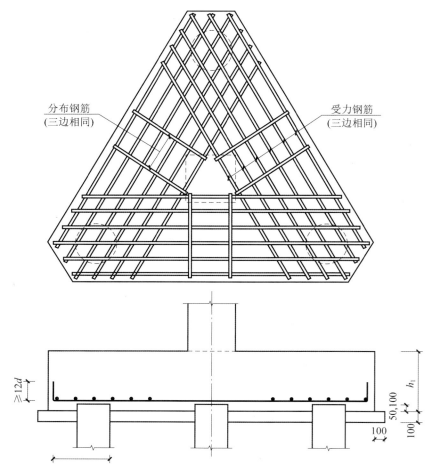

方桩：≥25d；圆桩：≥25d+0.1D，D为圆桩直径

图 6-48　等边三桩承台配筋构造

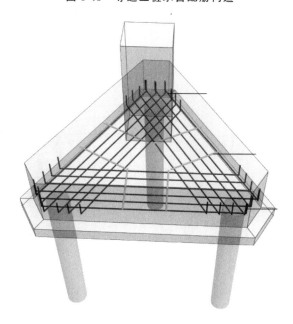

图 6-49　等边三桩承台三维立体图

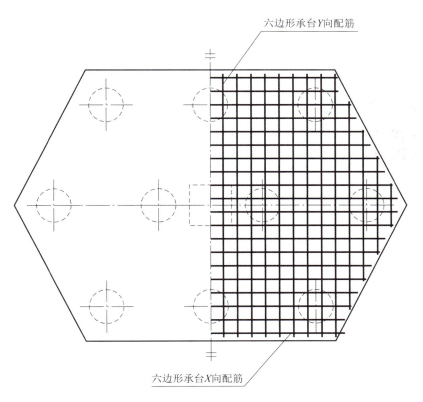

图 6-50　六边形承台配筋构造

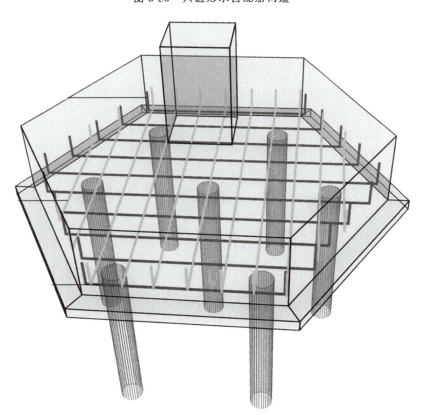

图 6-51　六边形承台三维立体图

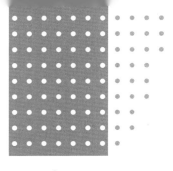

References
参考文献

[1] 中国建筑标准设计研究院.16G101-1 混凝土结构施工图平面整体表示方法制图规则和构造详图(现浇混凝土框架、剪力墙、梁、板)[S].北京:中国计划出版社,2016.

[2] 中国建筑标准设计研究院.16G101-2 混凝土结构施工图平面整体表示方法制图规则和构造详图(现浇混凝土板式楼梯)[S].北京:中国计划出版社,2016.

[3] 中国建筑标准设计研究院.16G101-3 混凝土结构施工图平面整体表示方法制图规则和构造详图(独立基础、条形基础、筏形基础、桩基础)[S].北京:中国计划出版社,2016.

[4] 陈达飞.平法识图与钢筋计算[M].北京:中国建筑工业出版社,2010.